型男專用手作包**2**

隨身有型男用包

rendy Handmade Bags for Boys & Men

飛天出版

古依立

　　從無師自通→照書做→進修→進入喜佳擔任才藝副店長→誕生了依葦縫紉館，至今也有二十三年的光景。最初只是很單純的喜愛手作並樂於分享，2013年埋下了出書的種子，從有了種子→發芽→施肥→修剪→開花→結果→採收，整整365天的時間，在袋物款型的取決及布料配色的挑選，還有五金的搭配等等等……，讓《型男專用手作包》中處處充滿了驚奇及喜悅，並且深深的體會到計劃永遠趕不上變化，因為在製作過程中是採用自拍的流程，所以在拍攝時也學到了不少採光原理，真正體會了「不經一事、不長一智」這句話的涵義。這兩本書皆使用圖文並茂的方式來呈現，力求能完整表達示範流程，因此誠摯地邀請各位再次共享我們的型男包哦！

翁羚維

　　回想自己參與的第一本手作書，轉眼間也過了一年，這一年多了許多支持我們的朋友，使我的手作世界更加繽紛熱鬧，也換來更上一層的力量，這次憑藉著大家熱情支持的力量，讓我們再一次地傾囊相授，將更多手作技巧分享出去，書中增加了許多巧思及創意的包型，更貼近實用性，希望能再帶給讀者們更多不同且豐富的手作饗宴。

吳叔親

　　我愛「親手作」，就是愛「親手作」，所以一頭栽入布的冒險旅程。從一開始的手縫到後來的機縫學習，現在已經可以自己設計出自己想要的包，沒想到有天也能參與手作書的製作，謝謝「依葦」讓我有出書的機會。這次的作品貼近實際生活所需，有簡單的也有難度高的，更有許許多多製作上的小技巧，希望能給讀者的「他」最適合的包。

胡珍昀

　　製作出符合需求又實用的包，是一種快樂，也是一種滿足，很高興有這機會可以參與此次的製作，在製包的過程中充滿了挑戰，深怕在製作上有不夠周全之處，但看到成品完成的那一刻，內心充滿了喜悅與成就感，期待能夠分享給大家，也很感謝「依葦」能夠給我這個機會展現自己。

Author 古依立

極速機車腿包

完成尺寸：長28cm×寬13cm×高19cm 紙型Ⓐ面

材料 Materials

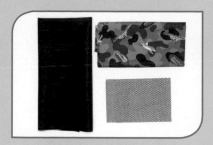

用布量：表布2尺、裡布2尺

配件：18cm／17cm／22cm 5#尼龍拉鍊（碼裝）各1條、28mm雞眼釦2組、3cm織帶5尺、3cm插釦1個、3cm日型環1個、2.5cm織帶2尺、2.5cm插釦1個、2.5cm日型環1個、魔鬼粘5cm、2.5cm D型環1個、網狀布18×14cm（前袋身）及22×15cm（裡袋身）各1片、人字帶3尺

裁布：（以下紙型及尺寸皆已含0.7cm縫份，本次示範作品表布為光彩尼龍布、裡布為尼龍布，皆不需燙襯。）

表布

F1 上袋身（上）	依紙型	1片
F2 上袋身（下）	依紙型	1片
F3 前口袋（下）	依紙型（正面取圖）	1片
F4 前口袋（中）	依紙型（正面取圖）	1片
F5 前口袋（上）	依紙型（正面取圖）	1片
F6 前口袋側身	依紙型	1片
F7 前口袋後背布	依紙型（背面取圖）	1片
F8 下袋身（上）	依紙型	1片
F9 下袋身（下）	依紙型	1片
F10 下袋身側身	依紙型（正／反面）	各1片
F11 袋身後背布	依紙型	1片
F12 拉鍊擋布	5×3.2cm	6片

裡布

B1 上袋身（上）	依紙型	4片
B2 前口袋下底布	依紙型（正面取圖）	1片
B3 前口袋（下）	依紙型（背面取圖）	1片
B4 前口袋（中）	依紙型（背面取圖）	1片
B5 前口袋（上）	依紙型（背面取圖）	1片
B6 前口袋側身	依紙型	1片
B7 前口袋裡布	依紙型	1片
B8 下袋身前裡布	依紙型	1片
B9 後袋身裡布	依紙型	1片
B10 拉鍊擋布	5×3.2cm	6片

製作 How To Make

❶ 前置作業

1 取F12及B10拉鍊擋布兩片正面相對,夾車18cm拉鍊兩端。

2 翻回正面壓線0.2cm,三周疏縫完成共3條拉鍊。

❷ 前口袋製作

3 F3與B3前口袋(下)兩片正面相對,夾車17cm拉鍊。

4 翻回正面壓線0.2cm。

5 B2前口袋下底布正面朝上置於下方。

6 F4前口袋(中)與拉鍊另一側正面相對車縫0.7cm。

7 翻回正面壓線0.2cm。

18cm拉鍊

8 F4與B4前口袋(中)正面相對,夾車18cm拉鍊。

9 翻回正面壓線0.2cm,三周疏縫再修剪多餘的拉鍊擋布。

10 F5與B5前口袋(上),正面相對夾車18cm拉鍊另一側。

11 翻回正面壓線0.2cm。

12 取F6前口袋側身與前口袋正面相對,底部中心點對齊車縫0.7cm。

13 B6前口袋側身裡布與步驟**12**的裡袋身正面相對車縫固定，再將表裡側身背面相對布邊對齊疏縫固定。

14 取5cm魔鬼粘（刺面）車縫於F7前口袋後背布底部上1cm。

15 F7與B7正面相對夾車前口袋（步驟**13**）三周，上方不車為返口。

❸ 下袋身製作

16 由返口翻回正面，依紙型位置打上28mm雞眼釦。

17 18×14cm網狀布於18cm處以2cm人字帶對折包覆布邊車縫固定。

18 置於F8下袋身（上）底部對齊。

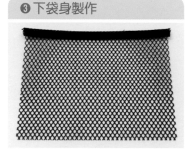

19 F9下袋身（下）正面相對布邊對齊車縫0.7cm。

20 縫份倒向F9壓線0.2cm，修剪兩側多餘的網狀布。

21 F10下袋身側身車縫於兩側，縫份倒向F10壓線0.2cm。

❹ 組合

1.5cm

22 剪6cm人字帶套入D型環對折，依圖示位置持出1cm車縫固定，再將魔鬼粘（毛面）車縫於F9。

23 將步驟**16**前口袋置於下袋身上方中心點對齊，再取F2上袋身（下）正面相對車縫0.7cm。

24 縫份倒向F2壓線0.5cm。

25 與B8正面相對夾車22cm拉鍊。

26 翻回正面壓線0.5cm，再取F1上袋身（上）與B1夾車另一側拉鍊。

27 翻回正面壓線0.5cm，剪去多餘的拉鍊擋布三周疏縫，依紙型位置打上28mm雞眼釦。

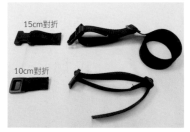

28 2.5cm織帶剪一段10cm及3cm織帶剪一段15cm，各自套入插釦一側再對折，另一段皆套入日型環及另一側插釦（參閱部份縫4：可調式背帶）完成。

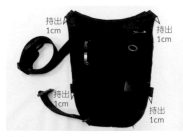

29 依紙型位置車縫固定，皆需持出1cm。

30 22×15cm網狀布上／下皆以2cm人字帶對折包覆車縫固定，再車縫於B9後袋身裡布底部往上8cm，剪去多餘網狀布。

31 取F11袋身後背布與完成的前袋身正面相對車縫一圈。

32 B9後袋身裡布與前袋身裡布正面相對車縫一圈，記得留10cm返口。

33 弧度處剪牙口，由返口處翻回正面，返口處以藏針縫手縫固定。

34 完成。

跑酷手臂包

完成尺寸：長9.5cm×高16.5cm 紙型 A 面

材料 Materials

用布量：表布2尺、裡布1尺、透明塑膠布些許

配件：配件：18.5cm5#金屬拉鍊（碼裝）1條、2.5cm日型環1個、魔鬼粘15cm 1條

裁布：（以下紙型及尺寸皆已含0.7cm縫份，此次示範作品表布為光彩尼龍布、裡布為防水布，皆不需燙襯，若為棉布則燙洋裁襯。）

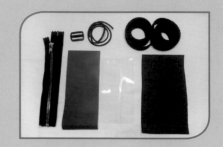

表布（素面）

F1 前袋身邊條布（左、右）	2.5×14.5cm	2片
F1-1 前袋身邊條布（上、下）	2.5×10cm	2片
F2 後口袋布	7.5×34.5cm	1片
F2-1 後口袋邊條布（左、右）	2.5×16.5cm	2片
F3 側身底布	2.7×31cm	1片
F4 臂帶布	7×49cm	1片
F5 拉鍊擋布	2.5×10cm	1片

透明塑膠布

F6透明塑膠布	7.5×14.5cm	1片

裡布

B1 前袋身邊條裡布（左、右）	2.5×14.5cm	2片
B1-1 前袋身邊條裡布（上、下）	2.5×10cm	2片
B2 後袋身裡布	7.5×16.5cm	1片
B3 側身裡布	2.7×31cm	1片
B4 滾邊條	3×100cm	1片

製作 How To Make

❶ 前袋身製作

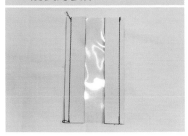

1 將F1前袋身邊條布（左、右）與B1前袋身邊條裡布（左、右）正面相對夾車F6透明塑膠布。

2 翻回正面，兩邊壓線0.2cm。

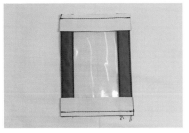

3 再將F1-1前袋身邊條布（上、下）與B1-1前袋身邊條裡布（上、下）正面相對夾車F6透明塑膠布。

4 翻回正面，兩邊壓線0.2cm。

❷ 臂帶製作

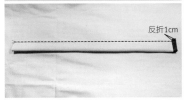

反折1cm

5 F4臂帶布反折1cm，正面對正面對折車縫。

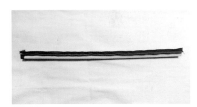

6 低溫燙開縫份。

7 翻回正面。

10cm

8 未反折位置量10cm畫一條記號線，並在記號線兩邊壓縫0.2cm。

10cm　　39cm

9 依記號線切開，分割成10cm和39cm 2條臂帶。

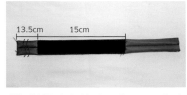

13.5cm　15cm

10 準備魔鬼粘（毛）15cm和魔鬼粘（刺）7cm各1條。將39cm長的臂帶由壓縫線位置量起13.5cm後，車縫魔鬼粘（毛面15cm）於臂帶上。

7cm

11 再將魔鬼粘（刺面7cm）的部分銜接車於臂帶上，並在四周壓線。

12 將10cm長的臂帶套入日型環。

❸ 後袋身及後口袋製作

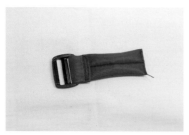

13 臂帶未車合的那邊與日型環反折1.5cm車合。

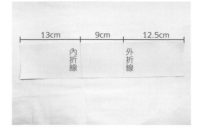

14 將F2後口袋布背面畫上內折線及外折線。

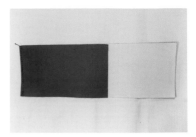

15 依13cm位置往下折（背面對背面），於正面壓上0.2cm裝飾線。

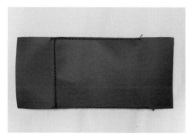

16 再將12.5cm由後方往上折（正面對正面），2邊疏縫固定。

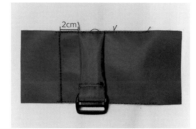

17 後口袋位置往下2cm，左右2邊畫上記號線，將有日型環的臂帶背面朝上，固定於右邊記號線下。

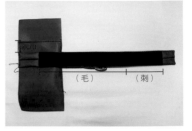

18 將車有魔鬼粘的臂帶固定於左邊記號線下，魔鬼粘位置朝上。

19 F2-1後口袋邊條布（左、右）與F2後口袋布正面對正面車縫固定。

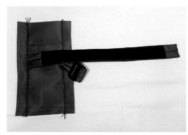

20 翻開於正面壓上0.2cm裝飾線。

21 將B2後袋身裡布與表布後袋身布，背面對背面，四周疏縫固定。

❹ 拉鍊及側身底布接合

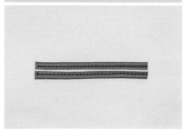

22 將F5拉鍊擋布左右2邊折0.5cm，車縫0.2cm固定。

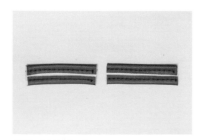

23 對裁成2條。

24 對折疏縫固定，拉鍊擋布也可改為粗棉繩代替。

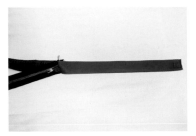

25 將F5拉鍊擋布固定於F3側身底布正面兩邊，並與B3側身裡布，正面相對夾車拉鍊。

26 將拉鍊兩邊皆固定完成，翻回正面壓線0.5cm，兩側先行疏縫。

27 前、後袋身依紙型將四角劃弧度。

28 將拉鍊側身布疏縫固定於前袋身四周。

29 將B4滾邊條正面朝拉鍊側身布車縫0.7cm，滾邊條2頭接合方式（請參閱「部份縫14：斜布條接合」）。

30 將滾邊條包向前袋身固定。

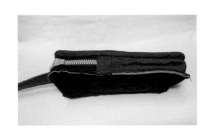

31 將後袋身與拉鍊側身疏縫固定。

32 將剩餘滾邊條正面朝拉鍊側身布車縫0.7cm，滾邊條2頭接合方式（請參閱「部份縫14：斜布條接合」）。

33 將滾邊條包向後袋身固定。

34 翻回正面，完成。

Author
胡珩昀

自行車上管包

完成尺寸：長20cm×寬18cm×高13cm 紙型 Ⓐ面

材料 Materials

用布量：表布3尺、裡布3尺

配件：30cm5#塑鋼拉鍊2條、2.5cm織帶2尺
（20cm×1＋10cm×1＋7cm×2）、2.5cm日型環2
個、細綿繩8尺、魔鬼粘2尺、製圖板8×11.5cm 1片

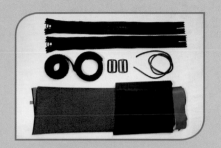

裁布：（以下紙型及尺寸皆已含0.7cm縫份，此次示
範作品表布為光彩尼龍布、裡布為防水布，皆不需燙
襯，若為棉布則燙洋裁襯。）

表布（素面）

F1 前袋身（上）	依紙型	2片
F1-1 前袋身（下）	依紙型	2片
F2 後袋身	依紙型	2片
F3 前口袋表布	25×19.5cm	2片
F3-1 前口袋袋蓋	依紙型	2片
F4 拉鍊口布	3.25×27cm	4片
F5 袋底	6.5×29.5cm	2片
F6 空橋	依紙型	1片
F7 包繩布（斜布紋）	2.5×60cm	4片

裡布

B1 前、後袋身	依紙型	3片
B1-1 後袋身卡片布	11.5×40.5cm	1片
B1-2 後袋身側邊布	依紙型	2片
B2 後口袋布	19×16cm	1片
B3 拉鍊口布	3.25×27cm	4片
B4 袋底	6.5×29.5cm	2片
B5 滾邊條	3×60cm	4片

製作 How To Make

❶前口袋及袋蓋製作方法（2份）

1 將F3前口袋表布對折壓裝飾線。

2 再將F3前口袋表布下方疏縫固定。

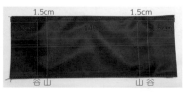

3 在F3前口袋表布畫上記號線。

4 F3前口袋表布依記號位置，山線和谷線反折車縫。

5 剪下5cm魔鬼粘（毛），依圖示位置車縫於F3上。

6 將F3-1前口袋袋蓋正面對正面對折車縫左右2邊，在弧度的地方縫份剪牙口。

7 翻回正面，3邊壓裝飾線。

8 剪下5cm魔鬼粘（黏），依圖示位置車縫於F3-1上。

❷ 袋身製作方法（2份）

9 取1片F1-1前袋身（下），將步驟5前口袋完成品放於F1-1上，下緣對齊並三邊疏縫固定。

10 將步驟8完成的袋蓋疏縫於F1-1前袋身（下）的上方位置。

11 F1前袋身（上）與F1-1前袋身（下），正面對正面車縫固定。

12 翻開F1前袋身（上）並壓裝飾線。

❸ 內袋卡片夾層與後袋身製作方法

13 F1-1前袋身（下）下方2角修剪成弧形。

14 將B1前袋身裡布與完成的F1前袋身背面對背面疏縫固定後，在F1前袋身四周車上包繩，包繩接合方式（請參閱「部份縫9：包繩車縫」）。

山線
山線
山線

15 將B1-1後袋身卡片布依圖示折成山谷線並於山線部分壓0.2cm裝飾線。

16 B1-2後袋身側邊布與B1-1後袋身卡片布兩側接合。

17 翻開後，在B1-2後袋身側邊布壓裝飾線0.2cm。

18 將B1-1後袋身卡片布與F2後袋身，背面相對疏縫固定。

19 製作前方固定帶，剪一段20cm織帶及魔鬼粘（毛）10cm和魔鬼粘（刺）5cm，將織帶一端反折2cm，並將魔鬼粘車縫於織帶上。

20 製作下方固定帶，剪一段15cm織帶及魔鬼粘（毛）6cm和魔鬼粘（刺）4cm，將織帶一端反折1.5cm，並將魔鬼粘車縫於織帶上。

21 F2後袋身取中心點，將前方固定帶與下方固定帶依中心點疏縫固定於F2後袋身上。

❹ 空橋製作方法

22 將F6空橋布正面對正面對折，先車弧形及袋底2邊。

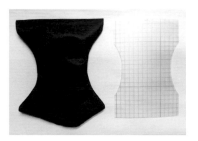
23 將F6空橋布翻回正面，並取一片格子型製圖板，將F6空橋版型扣除3邊0.7cm縫份，剪下版型。

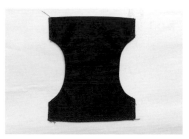
24 將版型放入空橋布內，並周圍疏縫固定。

❺ 內口袋與後袋身製作方法

25 將B2後口袋布對折，正面朝外，壓0.2cm裝飾線。

26 將B1後袋身背面朝上，與B2後口袋布正面對正面，周圍疏縫固定。

27 將B1後袋身與F2後袋身背面對背面，疏縫固定一圈並將角度修弧形。

28 剪下7cm織帶，套入日型環壓線固定。

29 將日型環織帶固定於F2後袋身。

30 將空橋疏縫於F2後袋身上，並於四周車上包繩（請參閱「部份縫9：包繩車縫」）。

❻ 拉鍊口布製作方法（2份）

31 F4拉鍊口布與B3正面相對夾車30cm 5#塑鋼閉口拉鍊。

32 翻回正面壓線0.2cm。

33 將F5袋底與B4正面相對夾車拉鍊2端。

❼ 組合

34 翻回正面四周壓線。

35 將組合好的拉鍊口布與有空橋的F2後袋身正面對正面車縫固定。

36 將組合好的拉鍊口布及底部周圍車縫滾邊條，接合滾邊條2頭（請參閱「部份縫14：斜布條接合」）。

37 將滾邊條翻回後袋身縫合固定。

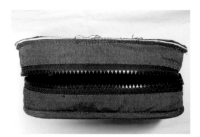
38 將拉鍊口布及底部另一側與前袋身正面對正面車縫一圈固定。

39 將組合好的拉鍊口布及底部周圍車縫滾邊條，並依步驟**36**、**37**縫合滾邊條。

40 將袋身翻回正面。

41 將空橋布另一邊車縫固定於有固定帶的F2後袋身上方。

42 將後袋身四周車上包繩，包繩接合方式（請參閱「部份縫9：包繩車縫」）。

43 將組合好的拉鍊口布與前袋身正面對正面車縫固定，並車上滾邊條（請參考步驟**36**和**37**）。

44 將組合好的步驟**43**與主體預備接合。

45 將步驟**43**拉鍊口布及底部另一側與有固定帶的後袋身車縫固定。

46 將組合好的步驟**45**拉鍊口布及底部周圍車縫滾邊條，並接合滾邊條2頭（請參閱「部份縫14：斜布條接合」）。

47 將滾邊條翻回後袋身縫合固定。

48 將袋身翻回正面。

49 完成。

貼身水壺腰包

完成尺寸：長30cm×寬7.5cm×高20.5cm 紙型 Ⓐ 面

材料 Materials

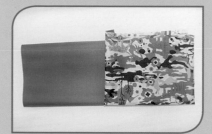

用布量：表布2尺、裡布1尺

配件：20cm5#塑鋼拉鍊1條、2.5cm人字帶5尺、圓柱狀鬆緊帶1尺、彩色壓釦3.8cm1組、織帶5尺、雙孔繩扣1個

裁布：（以下紙型及尺寸皆已含0.7cm縫份，此次示範作品表布為光彩尼龍布、裡布為尼龍布，皆不需燙襯，若為棉布則表布燙厚襯，裡布襯洋裁襯。）

表布

F1 拉鍊前袋身	依紙型	1片
F2 杯子後袋身	依紙型	1片
F3 杯子袋底	依紙型	1片
F4 杯子前袋身	依紙型	1片
F5 後袋身	依紙型	1片

裡布

B1 拉鍊前袋身	依紙型	1片
B2 杯子袋底	依紙型	1片
B3 杯子前袋身	依紙型	1片

製作 How To Make

1 取F1、B1依紙型位置完成20cm一字拉鍊（參閱部份縫2：一字拉鍊口袋）步驟**1**、**2**、**3**。

2 貼上水溶性膠帶，車縫0.2cm固定。

3 四周疏縫0.3cm固定。

 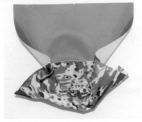  

4 取F3與B2背面相對疏縫0.3cm。

5 依續將F4與完成之**4**、B3正面相對夾車0.7cm。

6 半圓處剪V字型牙口。

7 翻回正面疏縫一圈0.3cm固定。

8 剪0.7cm牙口。

9 取人字帶夾車袋口0.7cm。

10 依圖示，中心左右0.7cm處（即為雞眼釦中心點），打上雞眼釦。

0.7cm 0.7cm

11 將完成好之**3**與**9**夾車F2，疏縫0.3cm。

12 疏縫0.3cm。

13 以人字帶夾車0.7cm。

14 **13**之縫份倒向拉鍊側，再與F5背面相對疏縫0.3cm。

15 將鬆緊帶穿過雙孔繩扣，再穿過雞眼，車縫0.7cm固定。

16 壓線0.7cm固定。

17 將織帶車縫0.5cm固定。

18 四周以人字帶夾車一圈。

19 織帶壓線0.7cm。

20 將織帶兩端分別穿入彩色壓釦。

21 織帶尾端連續對折二次1.5cm後，壓線1cm。

22 完成。

Author 胡珍昀

休閒相機包

完成尺寸：長27cm×寬18cm×高20.5cm　紙型 Ⓐ 面

材料 Materials

用布量：表布3尺、裡布3尺、皮革布2尺

配件：25cm金屬拉鍊1條、3.8cm織帶6尺（6cm×1＋15.5cm×2＋143cm×1）、3.8cm日型環1個、3.8cm口型環1個、2cm人字帶3尺、插釦2個

裁布：（以下紙型及尺寸皆已含0.7cm縫份，此次示範作品表布為8號帆布、裡布為防水布，皆不需燙襯，若為棉布則燙洋裁襯。）

表布

F1 前袋身	依紙型	1片
F2 前口袋布	43.5×16.7cm	1片
F3 後袋身（上）	27.5×4.2cm	1片
F4 後袋身（下）	依紙型	1片
F5 側身	17×66cm	1片

皮革布

F6 袋蓋	依紙型	1片

裡布

B1 前袋身	依紙型	1片
B2 前口袋布	43.5×18.2cm	1片
B3 後袋身	依紙型	1片
B4 後口袋布	26×35cm	1片
B5 側身	17×66cm	1片
B6 袋蓋	依紙型	1片
B7 滾邊布（斜布紋）	3×100cm	1片
B8 內袋邊條布	3×30cm	1片

網子布

B9 網狀內口袋布	粗裁30×20cm	1片

⚙ 製作 How To Make

❶ 袋蓋製作

1 將F6與B6袋蓋依紙型裁剪完成。

2 背面對背面四周疏縫固定。

3 將B7滾邊布（斜布紋）與F6袋蓋正面相對，車縫3邊。

4 將滾邊條包邊於B6裡布袋蓋上。

❷ 前口袋及前袋身製作

F2（背面）

5 F2與B2前口袋布正面對正面車縫袋口位置。

F2（正面）

6 將B2翻開包覆縫份，在縫份下方壓線。

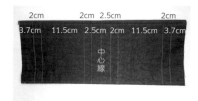

2cm　　2cm　2.5cm　　2cm
3.7cm　11.5cm　2.5cm　2cm　11.5cm　3.7cm
中心線

7 在B2前口袋布畫上打折記號線。

中心線

8 中心線的左右2條記號線，將裡布對折車縫。

9 左右2邊最外側的第一條記號線，將裡布對折車縫。

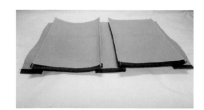

10 翻到正面，除了中心線外，剩下4條記號線，將表布對折車縫。

6cm　　　6cm
5.75cm　　　5.75cm

11 畫上插釦座中心點的記號位置。

12 依記號位置，將插釦座固定於表布上。

13 將前口袋布放置於F1前袋身上，下方對齊，3邊疏縫固定，車縫中間間隔口袋。

14 下方2角修弧形。

❸ 後袋身及一字口袋製作

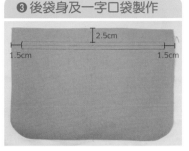

2.5cm

1.5cm　　　1.5cm

15 F4後袋身（下）背面畫上一字口袋記號線位置。

16 B4的一字拉鍊口袋車縫方式請參閱「部份縫2：一字拉鍊口袋」。

17 將袋蓋皮革布與F4後袋身（下）上方，中心點對齊正面相對疏縫固定。

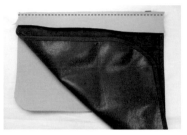

18 將F3後袋身（上）與F4後袋身（下）中間夾袋蓋車縫。

19 翻開並在F4後袋身壓裝飾線。

20 取3.8cm織帶6cm長，套入口型環，對折車縫。

❹ 背帶製作

4.5cm

1cm

中心點

21 F5側身畫上記號線，取中心點，將口型環織帶固定於F5側身上。

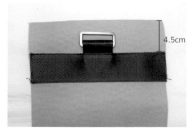

4.5cm

22 取3.8cm織帶15.5cm長，車縫於F5側身，蓋住口型環織帶下方。

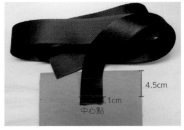

4.5cm

1cm

中心點

23 取3.8cm織帶143cm長，固定於F5側身另外一側。

4.5cm

24 取3.8cm織帶15.5cm長，車縫於F5側身，蓋住織帶下方。

25 B9網狀內口袋布與B8內袋邊條布車縫。

26 將滾邊條包住縫份，壓線固定。

27 B3後袋身下4cm，放置B9網狀內口袋布，3邊周圍疏縫固定，並將多餘的網狀布修除。

28 B5側身與B3後袋身車縫3邊固定，轉角弧度地方剪牙口。

29 B1前袋身與B5側身另一邊車縫3邊固定，轉角弧度地方剪牙口。

30 將車縫好的後袋身與F5側身車縫3邊固定。

31 在弧度位置剪牙口。

32 F5側身再與前袋身接合車縫3邊固定，轉角弧度地方剪牙口。

33 將製作好的表袋身翻回正面，並將製作好的內袋身放入，背面對背面，疏縫袋口一圈。

34 取2cm人字帶對折包覆袋口布邊緣壓線0.7cm。

35 將側邊144cm織帶套入日型環，並再套入另一側邊的口型環，最後套回日型環中間反折固定。

36 依插釦座位置在袋蓋上安裝插釦。

37 相機包完成。

相機收納二用包

Author 古依立

完成尺寸：長36cm×寬16cm×高26cm　紙型 Ⓑ 面

材料 Materials

用布量：表布2色各2尺、裡布5尺

配件：30cm支架口金1組、15mm壓釦4組、56cm5#尼龍雙頭拉鍊1條、28cm5#尼龍拉鍊（碼裝）1條、16.5cm5#尼龍拉鍊（碼裝）1條、47cm5#金屬雙頭拉鍊（碼裝）1條、28cm3#尼龍拉鍊（碼裝）1條、28.5cm3#尼龍拉鍊（碼裝）1條、人字帶9尺、束繩3尺、束繩釦1個、3.8cm織帶9尺、3.8cm日型環1個、3.8cm口型環1個、皮片2個、PE底板27×14cm 1片、腳釘4組、8×10鉚釘、魔鬼粘30cm、網狀布31×20cm1片

裁布：（以下紙型及尺寸皆已含0.7cm縫份，此次示範作品表布為光彩尼龍布、裡布為尼龍布，皆不需燙襯。）

表布（咖啡色）

F1 前袋身（上）	依紙型	1片
F2 前袋蓋後背布	依紙型	1片
F3 前袋蓋	依紙型正面取圖	1片
F4 前拉鍊口袋	依紙型	1片
F5 側身	依紙型	1片
F6 袋底	28.5×15.5cm	1片
F7 織帶擋布	依紙型	正／反各2片
F8 後袋身	依紙型	1片

（厚布襯＋不含縫份牛筋襯＋不含縫份厚棉＋厚布襯）

F9 側身口袋裡布	依紙型	正／反各1片
F10 拉鍊口布	45.5×4.5cm	2片
F11 持手布	5.5×24cm	1片
F12 壓釦擋布	8×5cm	4片
F13 肩背帶擋布（A）	依紙型	2片（厚棉1片）
F14 肩背帶擋布（B）	19×6.5cm	1片

表布（駝色）

F15 前袋身（中）	依紙型	1片
F16 前袋蓋底布（A）	依紙型	1片
F17 前袋蓋底布（B）	依紙型	1片
F18 側身口袋表布	依紙型	正／反 各1片
F19 拉鍊擋布	5×3.5cm	2片
F19-1 拉鍊擋布	4.5×3.5cm	1片
F19-2 拉鍊擋布	3.5×3.5cm	1片

裡布

B1 前袋外側拉鍊口袋	粗裁23×32cm	2片
B2 前袋蓋	依紙型背面取圖	1片
B3 前拉鍊口袋	依紙型	1片
B4 前拉鍊口袋底布（上）	依紙型	1片
B5 前拉鍊口袋底布（下）	依紙型	1片
B6 前拉鍊口袋拉鍊布	粗裁31×13cm	2片
B7 前拉鍊口袋隔間布	粗裁31×22cm	1片
B8 前／後袋身	依紙型	2片
B9 側身	依紙型	2片
B10 袋底	28.5×15.5cm	1片
B11 拉鍊口布	45.5×4.5cm	2片
B12 25cm一字拉鍊口袋	30×40cm	1片
B13 貼式口袋	粗裁31×35cm	1片
B14 拉鍊擋布	5×3.5cm	6片
B14-1 拉鍊擋布	4.5×3.5cm	1片
B14-2 拉鍊擋布	3.5×3.5	1片
B15 相機保護套袋底	依紙型	2片（厚棉不含縫份1片）
B16 相機保護套袋身	67×19.5cm	2片（厚棉66×18cm1片）
B17 束口布	67×13cm	1片
B18 保護套隔間布	19.5×36cm	1片（厚棉13×17cm1片）

製作 How To Make

❶ 前拉鍊口袋製作

  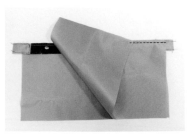

1 B7前拉鍊口袋隔間布於26cm處背面對折，折雙邊以2cm人字帶對折包覆車縫固定。

2 取4片B14拉鍊擋布，2片正面相對夾車28.5cm拉鍊兩端，翻回正面壓線0.2cm。

3 B6前拉鍊口袋拉鍊布2片正面相對，於31cm處夾車28.5cm拉鍊。

4 翻回正面壓線0.2cm。

5 B4與B5拉鍊口袋底布上／下，夾車拉鍊另一側。

6 縫份倒向B4壓線0.2cm，再依前拉鍊口袋紙型修剪多餘布料。

7 將B7置於B6拉鍊口袋上方袋底對齊，等分3隔間，車縫固定線（注意：不要車到B5）。

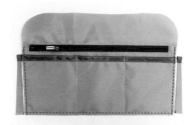

8 修剪多餘布料，三周疏縫。

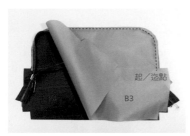

9 F4與B3前拉鍊口袋表／裡布正面相對夾車47cm拉鍊，車縫至起／迄點（依紙型位置）。

10 弧度處剪牙口，起／迄點直角處剪牙口後，將縫份反折以水溶性膠帶固定。

11 翻回正面直角處壓線0.2cm。

12 表／裡布各自車縫底角，預留0.7cm不車縫份兩側倒開。

13 F12壓釦擋布背面兩側反折，依中心線兩側各0.3cm壓線，於中心點打上壓釦座，共4片。

14 兩端反折0.5cm依紙型位置固定，兩側車縫0.2cm。

15 置於前拉鍊口袋裡布步驟8上方，四周疏縫固定。

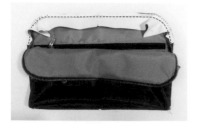

16 F15前袋身（中）與另一側拉鍊正面相對車縫固定。

17 縫份倒向F15壓線0.2cm。

拉鍊頭擋
F19-1及B14-1

拉鍊尾擋
F19-2及B14-2

18 F19-1及B14-1拉鍊擋布正面相對夾車16.5cm拉鍊的頭擋處，翻回正面壓線0.2cm兩側疏縫，F19-2及B14-2拉鍊擋布正面相對夾車16.5cm拉鍊尾擋處。

持出1.5cm

B2背面

19 F3與B2前袋蓋表／裡布正面相對夾車16.5cm拉鍊，拉鍊頭擋布需持出1.5cm。

B2

20 縫份倒向B2壓線0.2cm。

21 翻回正面三周布邊疏縫。

F17正面

F16

22 F17前袋蓋底布（B）與F16前袋蓋底布（A）正面相對夾車拉鍊另一側，頭尾端 對齊布邊。

F17

23 縫份倒向F17壓線0.2cm。

24 布邊對齊三周疏縫。

25 F2前袋蓋後背布依紙型位置打上壓釦蓋。

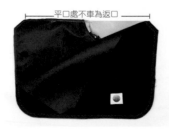

平口處不車為返口

26 與前袋蓋正面相對車縫三周，上方平口處不車為返口。

27 由返口處翻回正面，重疊於前拉鍊口袋上方中心點對齊，車縫固定。

❸ 前袋身組合

28 取F19及B14拉鍊擋布各2片，夾車28cm拉鍊兩端同步驟**2**，取完成的前袋蓋及B1前袋外側拉鍊口袋，正面相對夾車28cm拉鍊。

29 縫份倒向B1壓線0.2cm，修剪多餘擋布。

30 F1前袋身（上）與另一片B1正面相對夾車拉鍊另一側。

31 F1翻回正面車縫0.2及0.5二道壓線，表／裡布三周疏縫再剪去多餘布料。

❹ 側身口袋製作

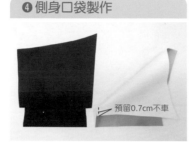

32 F18及F9側身口袋各自車縫底角，皆預留0.7cm不車。

預留0.7cm不車

33 2片正面相對，車縫袋口及袋底。

34 由脇邊翻回正面，袋口壓線0.5cm，並依紙型位置打上壓釦蓋。

35 F5側身依紙型位置車縫壓釦擋布同步驟**13**，再將F9側身口袋裡布朝上依紙型底部記號線對齊車縫0.2cm。

36 翻回正面依紙型側身袋口位置對齊，疏縫脇邊並完成另一側口袋。

❺ 拉鍊口布製作

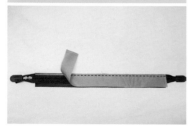

37 F10及B11拉鍊口布二端於背面反折0.7cm壓線0.5cm，2片正面相對夾車56cm尼龍雙頭拉鍊。

38 翻回正面車縫兩道固定線0.2及1.5cm，另一側作法相同。

❻ 織帶擋布製作

持出1.5cm

39 3.8cm織帶剪一段10cm套入日型環，置於F7織帶擋布正面中心點對齊（需持出1.5cm），再取另一片F7正面相對車縫三周，另剪一段155cm長織帶車縫方式同上。

❼ 表袋身組合

40 翻回正面三周壓線0.5cm，織帶邊再加強2道0.5cm車縫線。

41 將F8後袋身的厚布襯＋牛筋襯＋厚棉＋厚布襯四層整燙後，置於F8背面四周疏縫固定。

42 前袋身＋袋底＋後袋身三片接合。

43 縫份倒向袋底車縫兩道壓線0.2及0.5cm。

預留0.7cm不車

44 側身底部與袋底中心點對齊車縫0.7cm，兩側皆預留0.7cm不車。

45 將完成的織帶擋布，依後袋身紙型位置疏縫固定。

46 於車縫止點直角處袋身剪牙口。

47 車縫兩側脇邊，另一側身車縫方式同上，完成表袋身。

48 完成的拉鍊口布與袋口正面相對中心點對齊，疏縫固定。

❽ 肩背帶擋布製作

49 F14肩背帶擋布（B）19×6.5cm於兩端6.5cm處背面反折1cm壓線0.7cm。

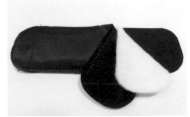

50 置於F13肩背帶擋布（A）上方置中，兩側脇邊疏縫。

51 再與另一片F13背面相對將厚棉置於中間，四周疏縫。

52 四周布邊以2cm人字帶對折包覆車縫固定。

53 將155cm的3.8織帶穿入肩背帶擋布，再套入口型環（參閱「部份縫4：可調式背帶」）完成背帶。

（參閱「部份縫4：可調式背帶」）

❾ 裡袋身製作

54 B8後袋身裡布與B12，於B8袋口下7cm完成25cm一字拉鍊口袋（參閱「部份縫2：一字拉鍊口袋」）。

（參閱「部份縫2：一字拉鍊口袋」）

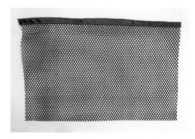

55 取2cm人字帶對折包覆網狀布31cm處車縫固定。

56 置於另一片B8裡袋身上方袋底對齊，三周疏縫修剪兩側多餘的網狀布，再取2cm人字帶置中車縫二側為分隔線。

57 裡袋身接合方式，請參閱「❼ 表袋身組合」，袋底需留15cm返口。

請參閱「❼ 表袋身組合」

❿ 裡袋身製作

58 表／裡袋身正面相對套合車縫袋口一圈。

59 由返口翻回正面，袋口壓線0.5cm。

PE底板

60 由返口處置入PE底板，返口以藏針縫手縫固定。

61 依圖示位置，於底部打上金屬腳釘。

62 F11持手布於5.5cm處兩側反折再對折，兩側壓線0.2cm。

63 兩端皆套入皮片。

64 以雙面鉚釘固定於前拉鍊口布中心往兩側各12cm處。

65 拉鍊口布置入30cm支架口金。

66 完成外袋。

⑪ 相機保護套製作

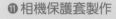

67 B18保護套隔間布於36cm處正面對折，車縫三周底部留8cm返口。

68 由返口處翻回正面，於兩側車上16cm魔鬼粘（刺面）。

69 由返口處塞入13×17cm厚棉，返口處車縫0.2cm固定。

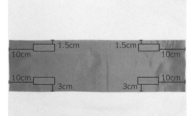

70 B16相機保護套袋身，依圖示位置車上4片8cm魔鬼粘（毛面）。

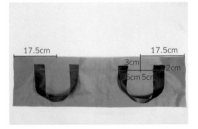

71 剪2段35cm的3.8cm織帶，依圖示位置車縫於另一片B16。

72 再將織帶往上翻起，車縫3.5cm方型固定線。

73 將2片B16各自正面對折車縫19.5cm處。

74 背面相對套合，接縫線對齊袋底疏縫一圈。

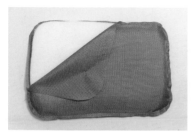

75 B15相機保護套袋底2片背面相對將不含縫份的厚棉置中，四周疏縫固定。

76 與B16（車縫織帶那面）正面相對車縫一圈，縫份以2cm人字帶對折包覆車縫固定。

77 將66×18cm厚棉兩端以捲針縫固定為一圈。

78 置入B16 2片中間，袋口疏縫一圈。

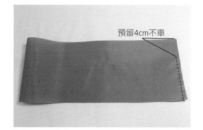

79 B17束口布正面對折車縫13cm處，起點預留4cm不車。

80 縫份兩側倒開，壓線0.2cm。

81 袋口處先反折0.5cm，再反折2.5cm，沿邊車縫一圈0.2cm。

82 與B16表布正面相對套合，袋口疏縫一圈。

83 縫份以2cm人字帶對折包覆車縫固定。

84 翻回正面穿入束繩及束繩釦。

85 完成。

Author
古依立

風格長夾

完成尺寸：長11cm×寬3cm×高20cm　紙型 B 面

材料 Materials

用布量：表布－小牛皮2色、
裡布2尺

配件：55cm8#鋼牙拉鍊（碼
裝）1條、16cm5#鋼牙拉鍊1
條、1cm鈎鈕1組、1cm連接
套環1組、螺絲鉚釘鈕1組

 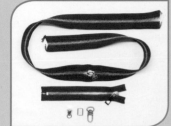

裁布：（以下紙型及尺寸皆已含0.7cm縫份）

表布－咖啡色小牛皮

F1 表袋身	粗裁25.5×25cm	1片（牛筋襯依F1-1紙型1片、厚布襯粗裁20.5×24.5cm1片）
F2 持手	1×27cm	1片（四周皮邊及背面塗抹床面仕上劑）
F3 拉鍊頭拉片	依紙型	1片（四周皮邊塗抹床面仕上劑）
F4 貼式口袋	依紙型	1片（四周皮邊及背面塗抹床面仕上劑）

表布－黃色小牛皮

F5 袋身裝飾布	24.5×2.5cm	1片（兩端皮邊削薄1cm，四周皮邊塗抹床面仕上劑）

裡布

B1 裡袋身	依B1紙型四周外加0.7cm	1片（牛筋襯依B1紙型1片）
B2 16cm拉鍊裡布	18×18cm	2片（厚布襯、洋裁襯各1片）
B3 卡片夾層布	21×44cm	2片（厚布襯18×8cm2片、18×4.5cm6片）
B4 前側擋布（A）	30.5×18.5cm	1片（牛筋襯17.5×8.5cm、厚布襯30.5×9.25cm）
B5 前側擋布（B）	23.5×18.5cm	1片（牛筋襯17.5×8.5cm、厚布襯23.5×9.25cm）

製作 How To Make

❶ 前置作業

本次示範皮料為鉻鞣革，請依所使用的皮革厚度適度將皮邊1cm處削薄，背面及皮邊側面塗抹床面仕上劑
（背面處理劑）防止起毛。

·以美工刀削薄→

·削薄前後對照→

・床面仕上劑
塗抹方式→

・床面仕上劑
塗抹前後對照→

After   Before

❶表袋身製作

1 將F1-1牛筋襯燙於F1表袋身背面。

2 依F1紙型修剪實際尺寸（提醒：若皮革需修皮邊厚度，在此步驟先進行）。

3 再燙上20.5×24.5cm厚布襯。

4 修剪四周多餘的厚布襯。

5 F5袋身裝飾布背面以水溶性膠帶固定於表袋身上方下4cm，並於上／下各壓線0.2cm。

6 F3拉鍊頭拉片套入拉鍊頭，背面均勻的塗抹上布用接著劑。

7 待半乾後對折黏貼固定，車縫一圈固定線。

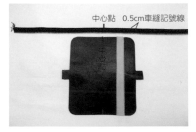

中心點　0.5cm車縫記號線

8 55cm拉鍊背面先畫出0.5cm車縫記號線，F1也先畫出中心點。

起點　　　　　迄點

9 中心點對齊依車縫記號線車縫固定，另一側作法亦同。

10 將四周皮革的縫份修剪0.3cm 不要剪到拉鍊，將拉鍊及縫份倒向厚布襯以手縫（捲針縫）方式固定。

11 將兩側持出皮革布料反折至背面，由正面壓線0.2cm，起頭結束請勿迴針，將上線引至底部打結。

12 兩側拉鍊壓線0.2cm起頭結束請勿迴針，將上線引至底部打結。

13 於持出中心下1cm以錐子鑽出一個洞。

14 於背面置入螺絲鉚釘釦座。

15 正面鎖上蓋。

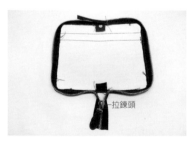

16 套上拉鍊頭。

17 兩端拉鍊尾端塞入持出孔。

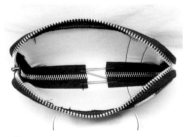

18 拉鍊頭尾以手縫線固定即可。

❷ 裡袋身製作

19 B1裡袋身內彎弧度剪牙口。

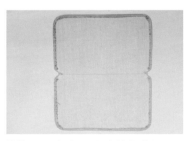

20 四周縫份倒向牛筋襯整燙。

21 正面壓線0.2cm一圈。

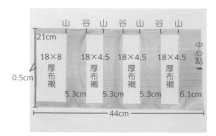

山 谷 山 谷 山 谷 山
21cm
18×8　18×4.5　18×4.5　18×4.5
0.5cm
厚布襯　厚布襯　厚布襯　厚布襯
中心點
5.3cm　5.3cm　5.3cm　6.1cm
44cm

22 B3卡片夾層布依圖示位置整燙厚布襯。

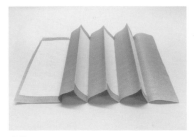

23 依山／谷線整燙。

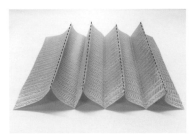

24 山線壓線0.2cm。

18×8厚布襯

25 上／下布邊正面相對車縫0.5cm。

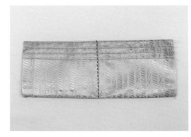

26 由脇邊翻回正面整燙底部，車縫中間分隔線。

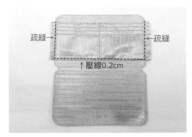

疏縫　　疏縫
↑壓線0.2cm

27 依B1裡袋身紙型位置固定卡片夾層布，車縫底部0.2cm、兩側疏縫。

28 另一側作法同上，再剪去兩側多餘布料。

❸ 16cm拉鍊口袋製作

29 B2 16cm拉鍊裡布2片正面相對夾車16cm拉鍊，頭尾擋需收尾。

30 翻回正面壓線0.2cm。

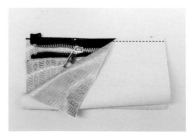

31 B2另一側布料再夾車16cm拉鍊的另一側。

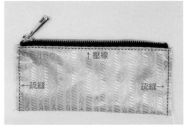

壓線
←疏縫　　疏縫→

32 翻回正面壓線0.2cm，再將兩側疏縫。

❹ 前側擋布製作

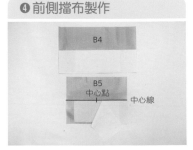

B4
B5
中心點　　中心線

33 B4及B5依圖示位置將牛筋襯置中心點整燙，厚布襯燙半。

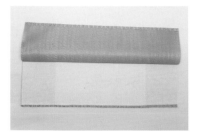

34 B4前側擋布（A）上／下布邊各自折燙0.7cm。

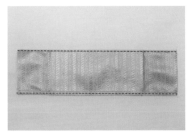

35 背面對折整燙，上下各自壓線0.2cm。

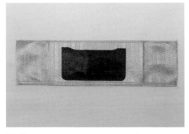

36 F4貼式口袋固定於B4底部中心往上1cm，車縫三周0.2m。

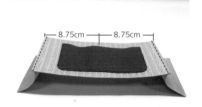

37 B4中心往兩側各8.75cm為山線車縫0.2cm。

38 於背面兩側布邊各進0.7cm劃出記號線。

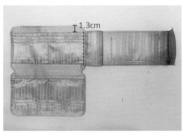

39 置於B1背面袋口下1.3cm，布邊對齊0.7cm記號線車縫0.5cm。

40 另一側車縫方式相同。

41 左／右側擋倒向B1壓線0.5cm。

❺ 組合

42 側擋兩側中心夾車16cm拉鍊口袋車縫0.5cm。

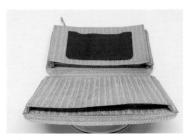

43 B5前側擋布（B）同B4作法，但省略步驟**36**的貼式口袋。

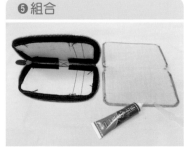

44 表袋身及裡袋身背面四周1.5cm均勻地塗抹上布用接著劑。

❻持手製作

45 待半乾狀態套合,布邊以強力夾先固定,待全乾時再取下強力夾即完成。

46 F2持手布兩側皆車縫0.2cm壓線。

47 對折先車縫固定並留些線頭,穿入1cm連接套環。

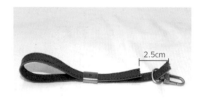

2.5cm

48 剪開線頭使其分開並落差2.5cm,並套入1cm鈎釦。

49 反折使其皮邊對齊,車縫固定。

50 移動連接套環覆蓋車縫線,將螺絲鎖上即完成持手。

51 持手扣上長夾,完成。

功能長夾

Author 吳叔親

完成尺寸：長11cm×寬2cm×高22cm 紙型 Ⓑ 面

材料 Materials

用布量：表布1尺、裡布3尺

配件：19cm5#金屬拉鍊（碼裝）1條、50cm5#金屬拉鍊（碼裝）1條、問號勾1個、免工具按鈕1顆、螺絲式鉚釘1顆、8×10鉚釘1顆

裁布：（以下紙型及尺寸皆已含0.7cm縫份，此次示範作品表布為帆布、裡布為尼龍布及棉布，尼龍布不可燙襯。）

表布

F1 表袋身	依紙型	1片（不含0.5cm縫份牛筋襯＋厚布襯）
F2 拉鍊表布	依紙型	1片（不含0.5cm縫份牛筋襯＋厚布襯）
F3 手機袋身	依紙型	1片
F4 手機側身	3×39cm	1片
F5 手機袋蓋	依紙型	1片
F6 拉鍊擋布	3×3.5cm	2片
F7 手腕帶布	4.5×30cm	1片

裡布（尼龍布）

B2 拉鍊裡布（短）	依紙型	1片
B3 拉鍊裡布（長）	依紙型	1片
B4 拉鍊擋布	3×3.5cm	2片
B5 手機袋身	依紙型	1片
B6 手機側身	3×39cm	1片
B7 手機袋蓋	依紙型	1片

裡布

B1 裡袋身	依紙型	1片（硬襯）
B8 大隔層	依紙型	2片（一片燙不含縫份厚襯，一片不燙襯）
B9 小隔層	依紙型	2片（厚布襯不含縫份）
B10 卡片夾層	11.3×46cm	2片

🪡 製作 How To Make

❶ 表袋製作

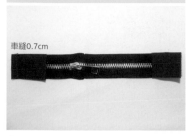

車縫0.7cm

1 取F6、B4拉鍊擋布，分別夾車19cm 5#金屬拉鍊（碼裝）拉鍊兩端，再翻回正面整燙。

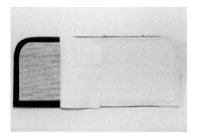

2 F2＋牛筋襯（不含縫份）＋厚襯，依序燙好，同法，燙F1表袋身。

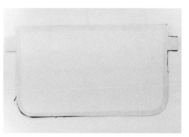

3 取F3手機袋身與F4手機側身正面相對車縫0.7cm。

折燙0.7cm

4 圓弧處剪牙口，縫份燙開，F4手機側身折燙0.7cm。

5 同法，完成B5手機袋身與B6手機側身組合及整燙（若裡布選用尼龍布，則以手壓折痕替代整燙）。

6 將完成的步驟**4**、**5**，正面相對，車縫0.7cm。

←疏縫

7 翻回正面壓線0.2cm，其餘三邊疏縫0.3cm。

8 取F5與B7手機袋蓋正面相對，車縫0.7cm，圓弧處剪牙口，翻回正面壓線0.2cm。

9 依紙型位置將手機袋以0.2cm車縫於F1表袋身。

10 將完成好之手機袋蓋對齊紙型位置車縫0.5cm，往上翻壓線0.7cm。

11 如圖裝上免工具按鈕。

12 取F2拉鍊表布與B2拉鍊裡布夾車步驟1之拉鍊，翻回正面壓線0.2cm，其餘三邊疏縫0.3cm。

13 將F1表袋身與B3拉鍊裡布正面相對夾車另一邊拉鍊，翻回正面，縫份倒向表布，裡布翻向左，表布向右壓線0.2cm，三邊疏縫0.3cm。

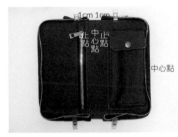

14 將50cm 5#金屬拉鍊（碼裝）與完成之表袋，中心點相對，車縫0.5cm，另一側作法亦同。

15 將兩側持出之表布反折至背面，正面壓線0.3cm，起頭與結束用定點迴針（若縫紉機無此功能，則將上線引至底部打結）。

16 壓線0.3cm，起頭與結束用定點迴針（若縫紉機無此功能，則將上線引至底部打結）。

17 於持出中心下1cm以錐子鑽洞，鎖上螺絲式鉚釘。

18 套上拉鍊頭。

❷ 裡袋製作

19 兩端拉鍊由持出孔塞入。

20 拉鍊頭尾兩端手縫固定，即完成表袋身。

21 將燙好硬襯之B1，剪三角形牙口。

22 四周縫份倒向硬襯整燙。

23 正面壓線0.2cm一圈。

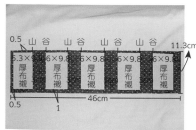

0.5　山谷　山谷　山谷　山谷　11.3cm
5.3×9.8　6×9.8　6×9.8　6×9.8　6×9.8
厚布襯　厚布襯　厚布襯　厚布襯　厚布襯
46cm
0.5　1

1　山谷　山谷　山谷　山谷　11.3cm
5.3×9.8　6×9.8　6×9.8　6×9.8　6×9.8
厚布襯　厚布襯　厚布襯　厚布襯　厚布襯
46cm
0.5　0.5

24 B10卡片夾層布2片皆依圖示位置整燙厚布襯。

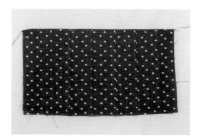

25 依山／谷線整燙。

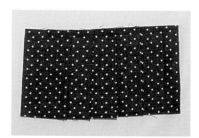

26 山線處布邊壓線0.2cm。

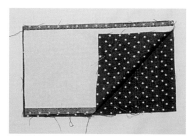

27 將B10卡片夾層與B9正面相對車縫0.5cm。

28 翻回正面整燙，壓線0.2cm，同法，完成另一側。

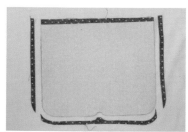

29 修剪B8三邊縫份。

B8（燙襯）
B8無燙襯
卡片夾層
卡片夾層

30 2片B8大隔層夾車卡片夾層0.7cm。

31 翻回正面，壓線0.2cm。

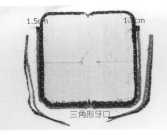
1.5cm　　　　　1.5cm
三角形牙口

32 如圖示壓線。

33 剪三角形牙口，修剪B8、B9 多餘縫份。

34 將縫份倒向硬襯捲針縫。

❸ 手腕帶製作

35 正面壓線0.2cm。

36 完成裡袋身套入表袋身中， 以藏針縫方式固定。

37 F7手腕帶布將4.5cm短邊之 兩側折入，再對折為1.2cm 左右，整燙，並以水溶性膠 帶固定，兩端用火燒一下， 避免鬚邊。

38 兩側壓線0.2cm。

39 套入1.5cm問號勾（如圖 示），鉚釘固定。

40 完成。

極致三折短夾

Author 古依立

完成尺寸：長9.5cm×寬3cm×高10cm　紙型 C 面

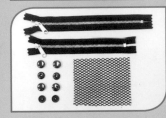

■ 材料 Materials

用布量：表布2尺、裡布1尺

配件：20cm3#金屬拉鍊1條、16cm3#金屬拉鍊1條、14mm壓釦2組、網狀布7×9.5cm1片

裁布：（以下紙型及尺寸皆已含0.7cm縫份，本次示範作品表布為光彩尼龍布、裡布為尼龍布，皆不需燙襯。）

表布

F1 信用卡夾布（右）	依紙型	1片
F2 網狀布擋布	依紙型	1片
F3 網狀布底布	依紙型	1片
F4 連接布	2.5×10.5cm	1片
F5 信用卡夾布（中）	依紙型	1片
F6 信用卡夾布（中）底布	10×11.5cm	1片
F7 信用卡夾布（左）	依紙型	1片
F8 信用卡夾布（左）底布	9×11.5cm	1片
F9 信用卡夾布（左）側擋布	2.5×11.5cm	1片
F10 鈔票夾層布	21×10.5cm	1片
F11 20cm拉鍊上袋身	21.5×3cm	1片
F12 20cm拉鍊下袋身	21.5×10cm	1片
F13 壓釦擋布	依紙型外加0.7cm縫份	4片
F14 表袋身	21.5×12.5cm	1片
F15 16cm拉鍊擋布	2.5×3.5cm	1片

裡布

B1 信用卡夾布（右）裡布	22×9.5cm	1片
B2 16cm拉鍊口袋裡布	依紙型	正／反各1片
B3 信用卡夾布（中）裡布	32×9.5cm	1片
B4 信用卡夾布（中）後背布	10×11cm	1片
B5 信用卡夾布（中）底布後背布	10×11.5cm	1片
B6 信用卡夾布（左）裡布	6×33cm	1片
B7 信用卡夾布（左）後背布	8×11.5cm	1片
B8 信用卡夾布（左）底布後背布	10×11.5cm	1片
B9 鈔票夾層布後背布	21×10.5cm	1片
B10 20cm拉鍊下袋身裡布	21.5×8.5cm	1片
B11 20cm拉鍊下袋身底布	21.5×10cm	1片

製作 How To Make

❶ 前置作業

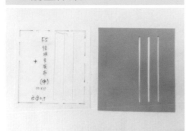

將F1、F2、F5、F7皆依紙型位置挖空布料（使用工具推薦筆刀或美工刀，刀片皆需非常鋒利），布邊可使用打火機稍微加熱，使光彩尼龍布布邊更不易毛邊。

❷ 信用卡夾布（右／中／左）製作

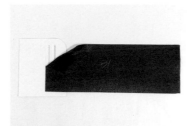

1 取F1信用卡夾布（右）背面，於信用卡切口處左側各貼上水溶性膠帶共2條。

2 B1背面朝上對齊左側第一道膠帶貼合固定。

3 F1翻回正面於切口處右側車縫0.1cm。

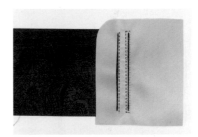

4 再翻至背面後將B1往下翻回正面，於切口處下4.5cm畫出記號線。

5 於記號線反折再與另一條膠帶貼合固定。

6 F1正面依圖示位置車縫0.1cm固定線。

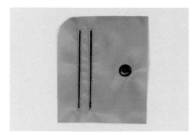

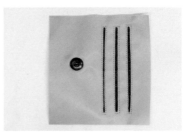

7 同步驟4～6完成並依紙型位置打上壓釦（凹面）。

8 裡布兩側脇邊車縫0.2cm固定線。

9 F5信用卡夾布（中）與B3裡布作法同1～8。

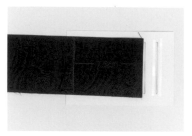

10 F7信用卡夾布（左）與B6裡布作法同1～3，翻回背面於切口處下7.5cm畫上記號線。

11 作法同5～8完成。

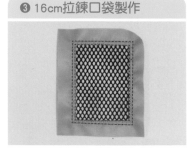

12 將7×9.5cm網狀布置於F2背面四周車縫0.2cm及0.5cm兩道固定線。

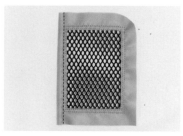

13 左側布邊於背面反折1cm車縫0.5cm固定線。

14 再置於F3網狀布底布上方三周疏縫固定。

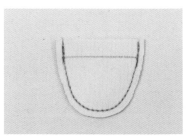

15 F13壓釦擋布二片正面相對車縫三周U型，平口處不車為返口。

16 縫份修剪0.3cm由返口處翻回正面壓線0.2cm，依圖示位置打上15mm壓釦（凸面），並完成另一片。

17 取一片疏縫於F2右側脇邊中心點。

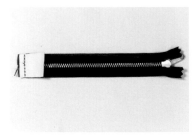

18 F15拉鍊擋布車縫於16cm拉鍊尾擋處。

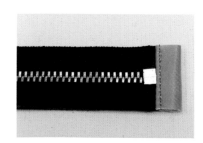

19 擋布反折0.7cm再折回正面，包覆尾擋布壓線0.1cm。

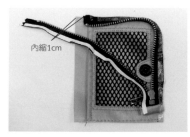

20 16cm拉鍊與F2網狀布擋布正面相對布邊對齊，頭擋需內縮1cm且反折，弧度處需剪牙口。

內縮1cm

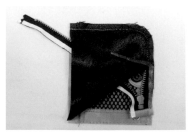

21 再取B2 16cm拉鍊口袋裡布正面相對車縫0.7cm。

22 弧度處需剪三角牙口。

23 翻回正面。

24 F4連接布二片正面相對，上／下2.5cm處車縫0.7cm。

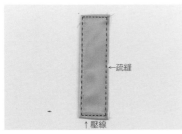

25 由側邊翻回正面，上／下壓線0.2cm，兩側疏縫。

26 疏縫F2左側布邊及中心點對齊（注意：不要車到裡布）。

27 取步驟**8**已完成的F1信用卡夾布（右）與另一片B2夾車16cm拉鍊另一側。

28 弧度處需剪三角牙口。

29 表／裡布各自正面相對車縫一圈，裡布需預留6cm返口不車。

30 由返口翻回正面，再以手縫藏針縫固定返口。

❹ 鈔票夾層製作

31 F5與B4後背布正面相對車縫上方。

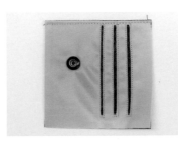

32 翻回正面壓線0.2cm。

33 F6信用卡夾布（中）底布與B5後背布正面相對夾車F5左側。

34 翻回正面於F6壓線0.2cm。

35 將F5翻回正面三周疏縫。

36 F8與B7後背布正面相對車縫右側。

37 翻回正面壓線0.2cm。

38 F8信用卡夾布（左）底布與F9側擋布正面相對夾車F8左側。

39 縫份倒向F9壓線0.2cm。

40 F8與B8後背布正面相對車縫右側。

41 翻回正面壓線0.2cm，將完成的F13壓釦擋布（凸面朝上），疏縫於左脇邊中心點。

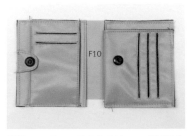

42 F8及F5分別置於F10鈔票夾層布正面左／右側上方布邊對齊。

43 再取B9鈔票夾層後背布正面相對車縫上方。

44 將F8與F5移開再車縫下方。

45 由脇邊翻回正面，上方壓線0.2cm，下方中心5cm壓線0.2cm即可。

46 F12 20cm拉鍊下袋身與B10正面相對夾車20cm拉鍊。

47 翻回正面壓線0.2cm。

48 F11 20cm拉鍊上袋身與B11正面相對夾車拉鍊另一側。

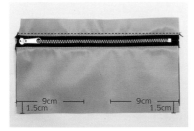

49 縫份倒向F11壓線0.2cm,並於F12依圖示位置畫出記號線。

50 B10與B11車縫底部,需預留15cm返口不車。

51 將完成的鈔票夾層布(步驟**45**)置於上方對齊記號線及右側布邊,車縫F10底部右側進9cm即可。

52 左側布邊對齊,再車縫F10底部左側進9cm即可。

53 中段會形成一個凹洞。

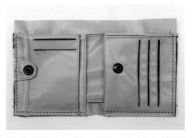

54 再將F5及F8翻下底部布邊對齊三周疏縫。

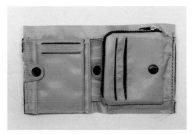

55 將已完成的16cm拉鍊口袋(步驟**30**)固定於右側。

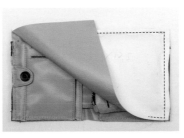

56 再與F14表袋身正面相對車縫四周。

57 由20cm拉鍊裡布(步驟**50**)的返口翻回正面,縫合返口,完成。

Author
吳叔親

基本款零錢包

完成尺寸：長12cm×寬2cm×高8cm　紙型 ◎ 面

材料 Materials

用布量：表布1尺、裡布1尺

配件：20cm5#塑鋼拉鍊1條、布標1片、2cm人字帶15cm、網狀布少許

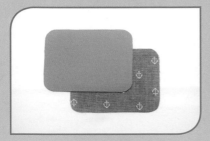

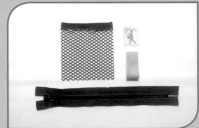

裁布：（以下紙型及尺寸皆已含0.7cm縫份，此次示範作品表布為帆布、裡布為棉布。）

帆布

F1 前袋身	依紙型	1片（厚布襯）
F2 後袋身	依紙型	1片（厚布襯）
F3 袋底	依紙型	1片（厚布襯）

網狀布

B4 口袋布	依紙型	1片

裡布

B1 前袋身	依紙型	1片（洋裁襯）
B2 後袋身	依紙型	1片（洋裁襯）
B3 袋底	依紙型	1片（洋裁襯）

製作 How To Make

1 F1表布依圖示，用透明線車上布標。

2 用2cm人字帶對折夾車網狀布之袋口，並將多餘人字帶修齊。

3 置於B2下方，三周疏縫0.3cm固定。

4 F3、B3正面相對夾車20cm 5#塑鋼拉鍊。

5 同4完成另一邊，即完成拉鍊口布。

6 前拉鍊口布與F1正面相對，車縫一圈。

7 將完成好之6與B1正面相對，車縫一圈，下方留10cm返口不車。

8 利用返口翻回正面，縫份倒向袋身整燙，返口藏針縫。

9 同步驟6、7、8完成另一邊，即完成。

胡珍昀

順手工具腰袋

完成尺寸：長27cm×高20.5cm 紙型 C 面

材料 Materials

用布量：表布2尺

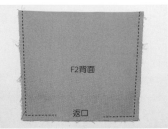

配件：5#塑鋼拉鍊8吋（約20cm）拉鍊1條、3.8cm日型環1個、3.8cm插釦1個、3.8cm織帶4尺、5mm鉚釘釦1組、水溶性雙面膠少許

裁布：（以下紙型及尺寸皆已含0.7cm縫份，此次示範作品表布為11號帆布不需燙襯，若為棉布則燙洋裁襯。）

表布

F1 前袋身	28.5×22.5cm	1片
F2 前中間口袋布（大口袋）	依紙型	1片
F3 前中間口袋布（小口袋）	依紙型	1片
F4 前側邊口袋布	8×25.5cm	2片
F5 前側邊工具布	14×17.5cm	2片
F6 後袋身	28.5×18.5cm	1片
F7 後袋蓋	28.5×5.5cm	1片
F8 拉鍊口布	23×34cm	1片

製作 How To Make

❶前中間口袋製作

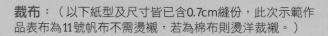

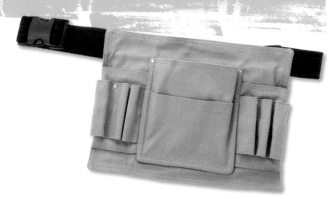

1 將F3前中間口袋布（小口袋）對折，正面朝外，於對折線旁壓2條裝飾線。

2 再把F3放在F2前中間口袋布（大口袋）下方對齊，並三邊車縫0.2cm。

3 將F2正面對正面對折（背面朝外），車縫0.7cm並留返口。

❷ 前側邊口袋製作（左右兩邊作法相同）

4 翻回正面並整燙完畢，於對折線旁壓2條裝飾線，返口位置用水溶性雙面膠加以固定。

5 將F5前側邊工具布對折車縫。

6 縫份位置調整至布的中間，燙開縫份並翻回正面，上下各壓一條裝飾線。

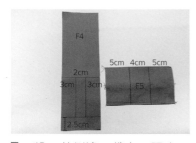

7 將F4前側邊口袋布正面由下往上量2.5cm畫一條記號線，並在縱向畫2條長8cm的記號線。在F5正面畫出5cm、4cm、5cm記號線。

8 將F5固定於F4的記號線上。

9 將F4對折正面相對，並於下方車縫固定。

❸ 組合前袋身

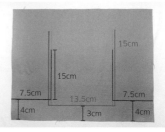

10 再翻回正面，並在上方壓二條裝飾線，兩側疏縫。

11 在隔間位置釘上補強用的鉚釘釦。

12 F1前袋身正面畫上記號線。

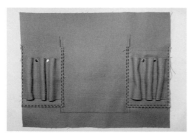

❹ 後拉鍊口布及織帶製作

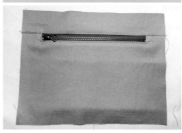

13 F4前側邊口袋放置於F1前袋身的左右二邊紅色記號線上，車縫三邊固定。

14 F2對齊F1中間藍色記號線位置，壓雙線裝飾線車縫三邊固定，並在袋口部份釘上左右各一顆鉚釘釦。

15 將F6、F7、F8和塑鋼拉鍊依照「部份縫7：下挖式拉鍊口袋」，依序完成。

16 將3.8cm織帶剪一段18cm長，套入插扣一頭並對折車縫固定，剩下的織帶套入插釦另一頭，並穿入日型環，作法請參照「部份縫4：可調式背帶」。

17 將完成的織帶固定於F7後袋蓋的左右邊上。

18 後袋身與前袋身正面對正面，車縫一圈，並在下方留返口。

19 由返口翻回正面，整燙袋身，並在袋身上方壓上∩型雙線，也在袋身下方壓上∪型雙線。

20 完成。

Author
胡珍昀

俐落腰帶包

完成尺寸：長16cm×高18.5cm

材料 Materials

用布量：表布2尺、裡布2尺

配件：20cm水洗風拉鍊3條（碼裝）、3.8cm織帶0.5尺、魔鬼粘1尺、2cm人字帶3尺

裁布：（以下紙型及尺寸皆已含0.7cm縫份，此次示範作品表布為水洗布、裡布為防水布，皆不需燙襯，若為棉布則燙洋裁襯。）

表布

F1 前摺疊口袋	14.7×15cm	1片
F2 前摺疊口袋擋布	6×14cm	1片
F3 摺疊口袋上片布	15×4.5cm	1片
F4 內袋蓋	15×10.7cm	1片
F5 後袋蓋	15×10.7cm	1片
F6 後袋身	15×21.5cm	1片
F7 腰帶布	11×26cm	1片

裡布

B1 前摺疊口袋	14.7×15cm	1片
B2 前摺疊口袋擋布	6×14cm	1片
B3 前摺疊口袋內裡布	15×14.7cm	1片
B4 內袋裡布（前）	15×17.7cm	1片
B5 內袋裡布（後）	15×29cm	1片
B6 後袋蓋裡布（前）	15×7cm	1片
B7 後袋蓋裡布（後）	15×9.2cm	1片

製作 How To Make

❶前摺疊口袋製作

1 將F2與B2前摺疊口袋擋布正面對正面車縫一邊，翻回正面整燙壓線0.7cm。

2 將F1前摺疊口袋布與B1正面相對夾車拉鍊。

3 F2前摺疊口袋擋布放置於F1前摺疊口袋布上，正面相對。

4 F1與B1前摺疊口袋布夾車F2前摺疊口袋擋布,並修剪轉角縫份。

5 將F1前摺疊口袋布翻回正面,並在拉鍊位置壓0.2cm裝飾線。

6 將F2前摺疊口袋擋布倒向B2位置,並壓0.2cm裝飾線固定。

7 F3摺疊口袋上片布與B3前摺疊口袋內裡布,正面相對夾車前摺疊口袋另一邊拉鍊。

8 拉鍊倒向表布,在B3前摺疊口袋內裡布拉鍊下方0.2cm壓線。

9 將F2前摺疊口袋擋布與B3前摺疊口袋內裡布接合車縫固定,並在袋底疏縫固定。

❷ 內拉鍊口袋製作

10 將F3摺疊口袋上片與B4內袋裡布(前),正面相對夾車拉鍊,翻回正面,於拉鍊下方壓線。

11 F4內袋蓋與另一側拉鍊車縫。

12 將內袋蓋拉鍊闔上,與B5內袋裡布(後)背面相對,四周對齊,於拉鍊下方壓線。

❸ 後腰帶製作

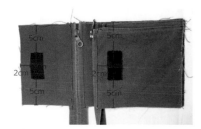

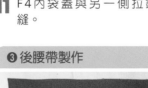

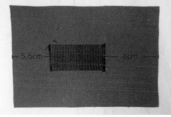

13 在F4內袋蓋車縫上魔鬼粘(刺)與F1前摺疊口袋布車縫上魔鬼粘(毛),魔鬼粘只車縫於表布上。

14 將3.8cm織帶依記號位置,固定於F6後袋身正面。

15 將8cm長的魔鬼粘(毛)覆蓋織帶下方車縫固定。

16 將魔鬼粘（刺）依記號位置車縫於F7腰帶布正面上。

17 將F7腰帶布正面相對對折，車合兩側。

18 翻回正面，於三周壓上0.2cm裝飾線。

19 將F7腰帶布固定於F6後袋身正面上，並車縫二道線固定。

20 將F7腰帶布的魔鬼粘與F6後袋身魔鬼粘（毛）相黏，並在折合處壓線固定。

❹ 後拉鍊口袋製作

21 將F5後袋蓋與B6後袋蓋裡布（前），正面相對夾車拉鍊。

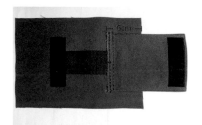

22 翻回正面，於拉鍊下方壓線，拉鍊另一邊與B7後袋蓋裡布（後）車縫固定。

23 B7後袋蓋裡布（後）與F6後袋身，正面相對夾車拉鍊。

24 將拉鍊合上，B7後袋蓋裡布（後）朝向B6後袋蓋裡布（前），2片正面相對，於F6後袋身拉鍊處壓線。

❺ 組合

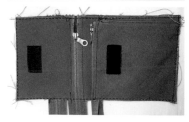

25 將前拉鍊口袋布與後拉鍊口袋布背面相對，疏縫四周一圈。

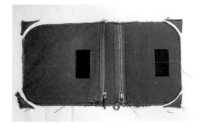

26 四角畫上弧型並疏縫，再修剪成弧形。

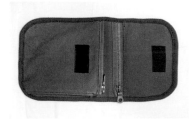

27 2cm人字帶對折包覆布邊車縫固定。

28 完成。

Author
吳叔親

立體巧掛包

完成尺寸：長11cm×寬7m×高15.5cm 紙型 C 面

材料 Materials

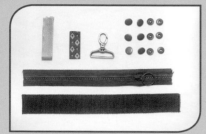

用布量：表布2尺、裡布1尺、尼龍布些許

配件：28cm5#塑鋼拉鍊（碼裝）1條、拉鍊頭1個、14mm免工具按釦1包、3.8cm織帶1尺、人字帶15cm、魔鬼粘8cm、緞帶4cm、3.8cm問號鉤1個

裁布：（以下紙型及尺寸皆已含0.7cm縫份，此次示範作品表布為帆布、裡布為丹寧布及尼龍布皆不需燙襯，若表布為棉布則燙厚襯、裡布燙洋裁襯。）

表布

F1 前袋身	依紙型	1片
F2 後袋身	依紙型	1片
F3 前口袋	依紙型	1片
F4 拉鍊口布	依紙型	1片
F5 側身底部	依紙型	1片
F6 袋蓋	依紙型	1片

裡布

B1 前袋身	依紙型	1片
B2 後袋身	依紙型	1片
B3 拉鍊口布	依紙型	1片
B4 側身底部	依紙型	1片
B5 口袋	依紙型	1片

尼龍布

B6 前口袋	依紙型	1片

製作 How To Make

❶ 前袋身及前口袋製作

1 將F6對折，留返口後，車縫ㄩ字型。

2 修剪多餘縫份。

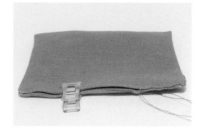

3 翻回正面，返口藏針縫。

4 其餘三邊壓線0.7cm與0.5cm。

5 將F3與B6口袋底車縫褶子，褶尖打結處理。

6 褶子一片倒向內側，一片倒向外側，疏縫0.3cm。

7 將F3與B6正面相對車縫0.7cm。

8 翻回正面，上方壓線0.2cm。

9 將三邊疏縫0.3cm。

10 在口袋上依圖示做記號。

11 依步驟**10**所做記號折山線，壓線0.2cm。

12 形成立體口袋。

13 將F1畫上一條記號線與中心線。

14 將袋蓋車0.5cm在記號線上。

15 將完成之立體口袋ㄩ形疏縫0.3cm在前袋身下側。

16 裝上免工具按釦。

17 車上布標。

❷ 拉鍊口布與側身製作

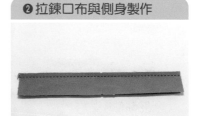

18 將F4與B3夾車28cm 5#塑鋼拉鍊（碼裝）。

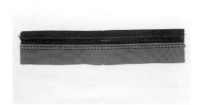

19 翻回正面壓線0.5cm與0.7cm。

20 將F5與B4，正面相對，夾車拉鍊口布之兩側。

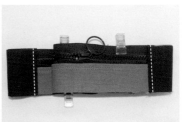

21 縫份倒向側身，兩邊壓線0.5cm。

22 翻回正面疏縫拉鍊口布與下側身0.3cm。

❸ 後袋身製作方法

23 將15cm人字帶，對折夾車B5，並將兩邊多餘人字帶修齊。

24 置於B2下方，三邊疏縫0.3cm固定。

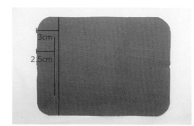

25 取B2畫上記號線。

26 取30cm織帶一端穿過問號鉤，內折3cm。

27 置於B2，車縫2條線固定。

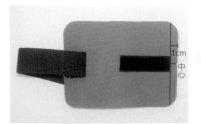

28 將魔鬼粘（毛）以水溶性膠帶固定在B2上。

29 車上口字型固定。

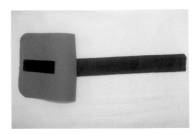

30 將魔鬼粘（刺）以水溶性膠帶固定在織帶背面。

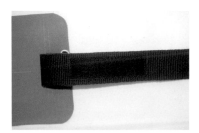

31 車上口字型固定。

32 織帶尾端往內連續對折2次1cm，車縫0.7cm固定。

❹組合

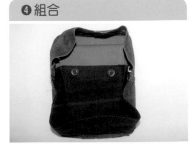

33 取前袋身與側身正面相對，車縫0.7cm一圈。

34 再取B1正面相對，留10cm返口，車縫0.7cm。

35 將四角縫份修小。

36 翻回正面，返口藏針縫。

37 同步驟**33~36**完成後袋身組合，即完成。

▦ 材料 Materials

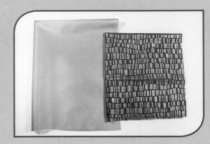

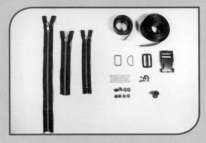

用布量： 表布2尺、裡布2尺

配件： 16.5cm5＃金屬拉鍊1條（前口袋）、21.5cm 5＃金屬拉鍊1條（後袋身）、16cm3＃金屬拉鍊1 條（內袋）、3cm日型環1個、3cm插釦1個、皮標 1個、2.5cm口型環1個、2cmD型環1個、3cm織帶4 尺、2.5cm人字帶4尺、6×6鉚釘、12mm平面壓釦2 組、磁釦1組、牛筋襯8.5×10cm1片

裁布： （以下紙型及尺寸皆已含0.7cm縫份，此次示 範作品表布為光彩尼龍布，故不需燙襯。）

表布

F1 前袋身	依紙型	1片
F2 後袋身	依紙型	1片
F3 拉鍊口袋	依紙型	1片
F4 表袋蓋	依紙型	1片
F5 裡袋蓋	依紙型	1片
F6 前口袋	依紙型	1片
F7 腰包耳布	依紙型	4片
F8 拉鍊口袋裝飾布（長）	22×7cm	1片
F9 拉鍊口袋裝飾布（短）	8×4cm	1片
F10 拉鍊口袋側身	39×4.5cm	1片
F11 D型環布	5×4cm	1片
F12 釦環布	3.5×9cm	1片
F13 拉鍊擋布	16×1.5cm	1片
F14 拉鍊頭尾擋布	6.5×3cm	2片

裡布

B1 裡袋身	依紙型	1片（洋裁襯）
B2 裡袋身	依紙型	1片（洋裁襯）
B3 拉鍊口袋	依紙型	1片（洋裁襯）
B4 前口袋	依紙型	1片（洋裁襯）
B5 拉鍊口袋側身	39×4.5cm	1片（厚布襯）
B6 一字拉鍊	19×26cm	1片（洋裁襯）

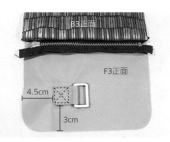 製作 How To Make

❶拉鍊口袋製作

1 F3拉鍊口袋與B3拉鍊口袋一同夾車16.5cm拉鍊下方，車縫0.7cm。

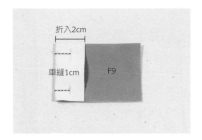
折入2cm
車縫1cm　F9

2 取F9拉鍊口袋裝飾布折入2cm，車縫1cm。

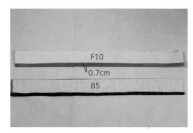
B3正面
F3正面
4.5cm
3cm

3 翻回正面，套入口型環，將另一端的布邊塞入，依圖示位置固定。

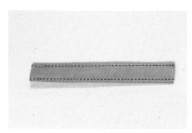

4 利用水溶性膠帶將F12釦環布對折固定，左右壓線0.2cm。

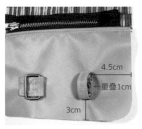
4.5cm
重疊1cm
3cm

5 釦環布重疊1cm，用鉚釘（3顆）依圖示位置固定。

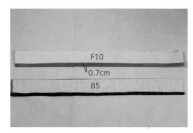
F10
0.7cm
B5

6 F10與B5拉鍊口袋側身分別取一長邊處折燙0.7cm。

B5
F10

7 F10與B5正面相對，車縫短邊0.7cm。

8 翻回正面，壓線0.5cm。

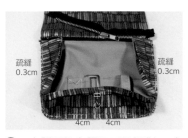
疏縫0.3cm　疏縫0.3cm
中心
4cm　4cm

9 步驟**5**與步驟**8**正面相對，中心相對，疏縫0.3cm，但中心左右4cm則是車縫0.7cm固定，如圖示。

B3背面
返口8cm

10 與B3拉鍊口袋正面相對，中心留返口8cm，一同夾車側身0.7cm。

11 縫份修小，利用返口翻回正面，並塑型。（尼龍布不能熨燙）

12 返口藏針縫，依圖示位置壓線0.5cm。

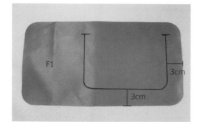

13 依紙型位置將拉鍊口袋固定線畫出。

14 依圖示位置固定拉鍊，並將F13拉鍊擋布疊上，左右壓線0.2cm。

15 依紙型位置將拉鍊口袋車縫三邊0.2cm固定。

❷ 袋蓋口袋製作

16 F4表袋蓋與F5裡袋蓋正面相對，車縫0.7cm。

17 縫份修小，翻回正面（F5），壓線0.5cm，並在中心上2cm固定磁釦（凸）。

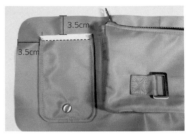

18 依圖示位置將袋蓋車縫固定於F1前袋身。

19 袋蓋往上翻，壓線1cm固定。

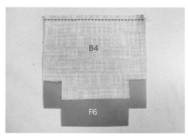

20 F6與B4前口袋正面相對，車縫上方0.7cm。

21 縫份倒向B4，正面壓線0.2cm。

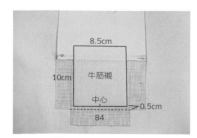

22 背面燙上8.5cm×10cm牛筋襯。

23 於B4正面中心左右各1.5cm壓線固定，如圖示。

24 將F6與B4前口袋底角車縫完成，並燙開。

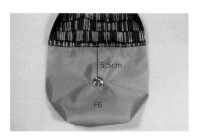

25 F6前口袋中心下5.5cm固定磁釦（凹）。

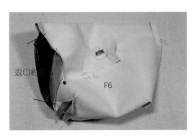

26 將口袋正面相對車縫，側面留返口約6cm不車。

27 翻回正面，袋口壓線0.5cm，並依紙型位置車縫0.2cm固定。

❸ 袋身製作

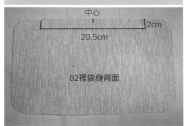

28 F2後袋身與B2裡袋身正面相對，上方布邊對齊，依圖示車縫。

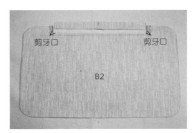

29 留0.5cm縫份，其餘布料修剪，並在直角處剪牙口。

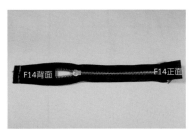

30 取F14拉鍊頭尾擋布與21.5cm拉鍊正對背，車縫拉鍊兩端0.7cm。（拉鍊頭朝下）

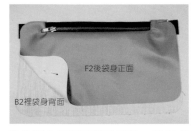

31 將步驟29翻回正面，與完成的拉鍊貼合。

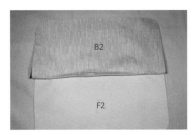

32 將B2裡袋身往上翻，與拉鍊黏貼固定。

33 車縫正面下方0.2cm，頭尾不回針。

34 B2裡袋身往下翻整燙，正面依圖示壓線0.2cm，線頭拉至後方打結處理。

35 再將拉鍊兩端車縫0.7cm固定。

36 如圖示中心下2.5cm固定皮標。（背面燙上厚布襯做加強）

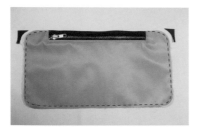

37 將步驟**36**背面相對疏縫0.3cm固定，其餘布料修剪。

38 B1裡袋身中心下3cm完成16cm一字拉錬口袋。（參閱部份縫2：一字拉錬口袋）

39 步驟**27**與步驟**38**背面相對，疏縫0.3cm一圈。

---

❹ 背帶製作

40 取F11D型環布於5cm處對折，正面壓線0.2cm。

41 套入D型環，疏縫0.3cm備用。

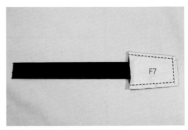

42 剪一段50cm織帶與F7腰包耳布正面相對，車縫3邊0.7cm。

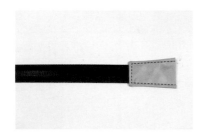

43 縫份修小，翻回正面，如圖示壓線0.5cm。

44 同作法，完成另一條腰包耳布（織帶70cm長）。

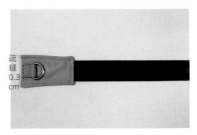

45 將步驟**41**疊於其中一片腰包耳布上，疏縫0.3cm備用。

46 取短邊腰包耳布套入插釦，先折2cm，再折4.5cm，車縫固定。

47 另一條腰包耳布織帶先套入日型環，再穿入另一頭插釦，往回穿入日型環中槓，內折2cm車縫固定。

48 步驟**46**與步驟**47**依圖示位置固定於F2後袋身。

❺ 裝飾布製作

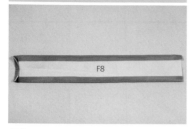

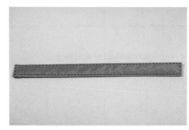

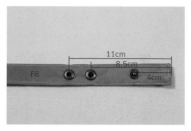

49 取F8拉鍊口袋裝飾布，運用水溶性膠帶，先黏貼長邊處1cm，再黏貼其中一邊短邊處1cm。

50 對折，壓線0.2cm一圈。

51 F8拉鍊口袋裝飾布依圖示位置，由收邊處8.5cm及11cm固定壓鈕（凹），距離4cm固定壓鈕（凸）。

❻ 組合

52 將完成的F8拉鍊口袋裝飾布套入口型環及鈕環布，尾端依圖示位置疏縫固定。

53 將完成的前後袋身正對正，疏縫一圈固定。

54 人字帶對折包覆，車縫0.7cm一圈，完成內滾邊。

55 拉鍊為返口，翻回正面。

56 完成。

Author
吳叔親

實用隨身包

完成尺寸：長20cm×寬8.5cm×高23cm　紙型 C 面

材料 Materials

用布量：表布2尺、裡布3尺

配件：65cm5#塑鋼拉錬1條（剪成31cm及33cm各1條）、3cm織帶7尺、2.5cm織帶1尺（剪成15cm 2條）、3cm日型環1個、雙口型環2個、2cm人字帶7尺

裁布：（以下紙型及尺寸皆已含0.7cm縫份。此次示範作品表布與裡布皆為棉布，表布燙厚襯、裡布燙洋裁襯，若為帆布及尼龍布則不需燙襯。）

表布－格子布

F1 前袋身（直紋）	依紙型	1片（厚布襯）
F2 後袋身（直紋）	依紙型	1片（厚布襯）
F3 拉錬口布（斜紋）	3.5×33cm	2片（厚布襯）
F4 下側身（斜紋）	7×54.5cm	1片（厚布襯）
F5 外口袋（斜紋）	依紙型	1片（厚布襯）
F6 外口袋拉錬口布（斜紋）	4×35.5cm	1片（厚布襯）
F7 外口袋側身（斜紋）	6×34.5cm	1片（厚布襯）
F8 拉錬擋布	3×3cm	4片

裡布

B1 前袋身	依紙型	1片（厚布襯）
B2 後袋身	依紙型	1片（厚布襯）
B3 拉錬口布	3.5×33cm	2片（洋裁襯）
B4 下側身	7×54.5cm	1片（洋裁襯）
B5 外口袋	依紙型	1片（洋裁襯）
B6 外口袋拉錬口布	4×35.5cm	1片（洋裁襯）
B7 外口袋側身	6×34.5cm	1片（洋裁襯）
B8 內口袋	22×32cm	2片（洋裁襯）
B9 拉錬擋布	3×3cm	4片
B10 外口袋隔層	24×26cm	1片（洋裁襯）

製作 How To Make

❶ 前口袋製作

1 拉鍊擋布正面相對夾車33cm拉鍊兩端,再翻回正面整燙。

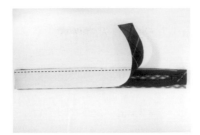

2 F6與B6外口袋拉鍊口布正面相對,一同夾車拉鍊。

3 翻回正面壓線0.2cm。

4 表裡長邊處折燙0.7cm備用。

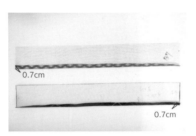

5 F7與B7外口袋側身取一長邊處,折燙0.7cm備用。

6 步驟4與5正面相對,夾車0.7cm,翻回正面壓線0.5cm,並完成另一邊。

7 與F5外口袋正面相對,疏縫0.3cm一圈。

8 與B5外口袋正面相對,車縫0.7cm,下方留約10cm返口不車,4個圓弧處剪牙口。

9 利用返口翻回正面,返口以藏針縫縫合。

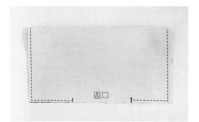

10 B10取長邊對折,依圖示留返口10cm,車縫三邊。

11 依圖示修剪縫份。

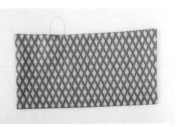

12 由返口翻回正面,整燙返口以藏針縫縫合。

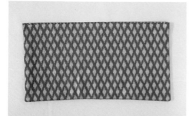

13 袋口壓線0.2cm。

14 依個人喜好將步驟13之內口袋，在紙型內縮0.5cm的位置範圍，於F1上完成內口袋隔層。

15 依紙型位置將外口袋車縫於F1前袋身0.2cm。

❷ 前後袋身製作

16 B8內口袋布對摺，袋口壓線0.2cm。

17 B8置於B1前袋身下半部，依個人喜好做隔層，三邊車縫0.3cm。

18 將組合好的F1與B1背面相對疏縫0.3cm。

19 同步驟16~18完成後袋身。

❸ 拉鍊口布及側身製作

20 拉鍊擋布正面相對夾車31cm拉鍊兩端，再翻回正面整燙。

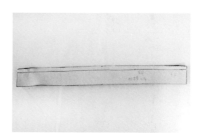

21 取F3與B3拉鍊口布正面相對夾車拉鍊。

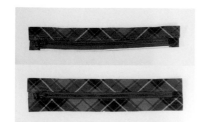

22 翻回正面整燙，壓線0.2cm，同法完成另一側。

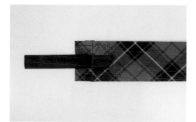

23 依圖示車上2.5cm織帶。

24 套入雙口型環，再車一道線，固定雙口型環。

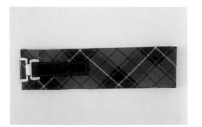

25 織帶尾端反摺2cm，如圖示壓線固定。

26 同法，完成另一邊。

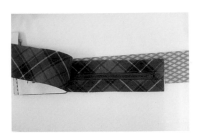

27 取F4與B4下側身正面相對夾車已完成的拉鍊口布兩端。

28 縫份倒向袋底車縫0.2cm及0.5cm二道壓線。

29 側身兩端疏縫0.3cm一圈。

❹ 組合

30 步驟**29**與已完成的前袋身，正面相對車縫一圈。

31 縫份以2.5cm人字帶對折包覆車縫0.7cm。

32 同步驟**30**、**31**，完成後袋身。

33 翻回正面，將3cm織帶套入雙口型環及日型環，完成背帶（請參閱「部份縫4：可調式背帶」）。

34 完成。

Author
古依立

輕巧隨身包

完成尺寸：長28cm×寬11cm×高20cm　紙型 C 面

材料 Materials

用布量：表布2尺、裡布3尺

配件：45cm5#尼龍雙頭拉鍊（碼裝）1條、40cm5#尼龍拉鍊（碼裝）2條、24cm5#尼龍拉鍊（碼裝）1條、20cm5#尼龍拉鍊1條、3.8cm織帶6尺、3.8cm插釦1組、3.8cm日型環1個、2.5cm織帶4尺、2.5cm插釦2組、2.5cmD型環6個、細棉繩3尺、2cm人字帶9尺、鬆緊帶24cm、網狀布30×15cm及30×12cm各1片

裁布：（以下紙型及尺寸皆已含0.7cm縫份。此次示範作品表布為光彩尼龍布不需燙襯，裡布為棉布燙洋裁襯。）

表布

F1 袋身	依紙型	1片
F2 拉鍊上蓋	依紙型	1片
F3 包繩布	2.5×45cm	2條（斜布紋）
F4 上側身	依紙型	正／反各1片
F5 側身口袋	依紙型	正／反各1片
F6 側身口袋（底布）	依紙型	正／反各1片

裡布

B1 袋身	依紙型	1片
B2 拉鍊上蓋	依紙型	1片
B3 鬆緊帶口袋	20×22cm	1片（洋裁襯20×11cm）
B4 20cm一字拉鍊口袋	25×35cm	1片（洋裁襯）
B5 側身	依紙型	正／反各1片
B6 側身口袋	依紙型	正／反各1片

製作 How To Make

❶ 裡袋身製作

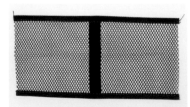

1 於B1袋口下5cm處以B4完成20cm一字拉鍊口袋（參閱「部份縫2：一字拉鍊口袋」）。

2 2cm人字帶剪一段15cm長置於30×15cm網狀布中間，上／下端先疏縫。

3 袋口及袋底皆以2cm人字帶對折包覆車縫固定。

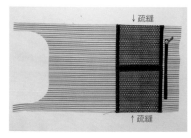

4 置於B1袋口下7cm，底部壓線0.2cm，中間人字帶兩側壓線0.2cm，兩側脇邊疏縫（注意：勿車到背面的拉鍊口袋布）。

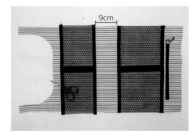

5 另一片30×12cm網狀布車縫方式同前，依圖示位置車縫固定。

6 F2拉鍊上蓋與F1袋身弧度處皆先車上包繩（參閱「部份縫13：包繩車縫」）。

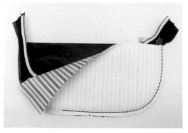

7 F2與B2拉鍊上蓋正面相對夾車40cm雙頭拉鍊。

8 弧度處需剪三角牙口。

9 翻回正面車縫0.2cm及0.5cm二道壓線。

10 F1與B1袋身正面相對夾車40cm拉鍊另一側，車縫完成後，弧度處需全部剪牙口才可翻回正面壓線0.2cm及0.5cm。

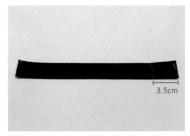

11 2.5cm織帶剪24cm長由一側畫出3.5cm記號線。

12 套入2.5cm D型環，另一側套入2.5cm插釦（上）。

13 由3.5cm記號線反折，另一側織帶也反折，布邊對齊。

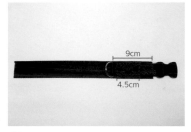

14 重疊於29.5cm長的3.8cm織帶上方，依圖示位置擺放並車縫固定。

15 完成織帶另一側，再依圖示位置固定於F1袋身，並於3.8cm織帶兩側車縫0.2cm。

16 F1與B1袋身各別由正面反折，布邊對齊夾車F2拉鍊上蓋。

17 由脇邊翻回正面壓線0.5cm，兩側脇邊疏縫一圈。

❸ 側身口袋製作

18 F5側身口袋先依紙型畫出中心線，再由袋底往上11cm畫出記號線。

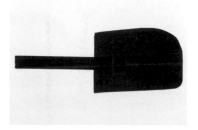

19 2.5cm織帶剪一段24cm，背面朝上對齊11cm記號線再依圖示位置車縫固定線。

20 套入2.5cm D型環。

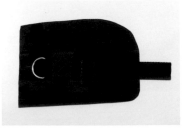

21 織帶反折下來，依圖示位置車縫固定線，再下1.5cm畫出記號線。

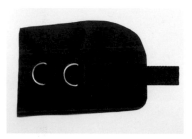

22 再套入2.5cmD型環後，依記號線車縫固定。

23 套入2.5cm插釦（下）。

24 將織帶反扣回來。

25 將織帶末端反折2次1cm後再車縫固定。

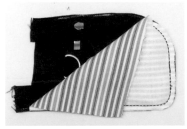

26 與B6側身口袋正面相對夾車40cm拉鍊（注意：拉鍊頭須在弧度方向）。

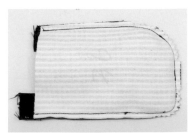

27 弧度剪三角牙口。

28 由返口翻回正面壓線0.2cm三邊，返口處疏縫。

29 重疊於F6側身口袋（底布）上方，拉鍊與布邊對齊車縫U形固定。

30 將拉鍊攤平與F6布邊對齊且先疏縫固定。

  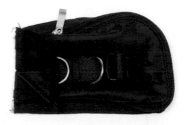

31 F5與F6中心點對齊。

32 將F5多餘布料倒向兩側，布邊對齊疏縫固定。

33 與F4上側身正面相對布邊對齊車縫0.7cm。

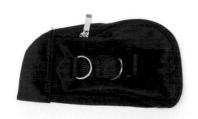 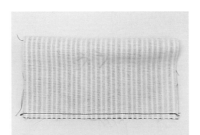 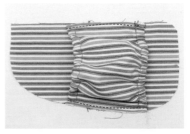

34 縫份倒向F4壓線0.5cm。

35 B3鬆緊帶口袋於22cm處正面對折車縫20cm處。

36 由脇邊翻回正面整燙，上／下端各壓線1.5cm再穿入12cm鬆緊帶後，置於B5側身上，兩側布邊疏縫。

  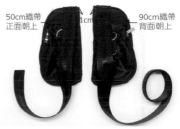

37 再與已完成的口袋表布（步驟**34**）背面相對疏縫四周。

38 完成另一側口袋。

39 3.8cm織帶各剪90cm及50cm，依圖示位置織帶需內縮與脇邊距離1cm，疏縫於兩片側口袋上方。

50cm織帶正面朝上　　1cm　　90cm織帶背面朝上

❹ 組合

40 B5依紙型畫出底部中心點，另外參閱步驟**15**畫出袋身中心點。

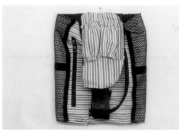

41 將B5與袋身正面相對中心點對齊。

42 先車縫後袋身，B5止點處預留0.7cm不車。

43 B5止點處應對齊前／後袋身接合線，於袋身處剪牙口。

44 轉直角後再車縫前袋身至袋身中心點，縫份以2cm人字帶對折包覆車縫固定。

45 完成另一側。

46 90cm的3.8cm織帶套入日型環及插釦（上）（參閱「部份縫4：可調式背帶」）。

47 50cm的3.8cm織帶套入插釦（下）完成車縫（參閱步驟**24**及**25**）。

48 完成。

經典風格側背包

Author 古依立

完成尺寸：長28cm×寬13cm×高19cm 紙型 Ⓓ 面

材料 Materials

用布量：表布2色各2尺、裡布3尺

配件：20cm5#尼龍拉鍊1條、15cm5#金屬拉鍊1條、27cm5#金屬拉鍊（碼裝）1條、38.5cm5#金屬拉鍊（碼裝）1條、50cm5#金屬拉鍊1條、圓弧插釦1組、3.8cm織帶8尺、3.8cm日型環2個、3.8cm三角鉤釦2個、2cm人字帶18尺、細棉繩8尺、8×8鉚釘、側邊吊環釦1組、網狀布27.5×13.5cm及31×15cm各1片、PE底板28×8cm1片、牛筋襯及厚襯棉及洋裁襯些許

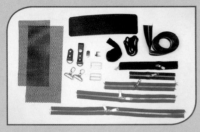

裁布：（以下紙型及尺寸皆已含0.7cm縫份，本次示範作品表布為8號帆布、裡布為尼龍布，皆不需燙襯，若為棉布則燙洋裁襯。）

表布（淺綠色）

F1 前袋身	依紙型	1片
F2 手機袋	依紙型	1片
F3 手機袋蓋（表）	依紙型	1片
F5 前袋身拉鍊口袋袋頂及袋底	依紙型	2片
F6 前袋身拉鍊口袋袋身	20×16.5cm	1片
F14 後袋身（上）	粗裁31×9cm	1片
F15 後口袋	粗裁31×18cm	1片
F16 後口袋拉鍊擋布	3.5×3.5cm	2片

表布（深綠色）

F4 手機袋蓋（裡）	依紙型	1片
F7（前袋）拉鍊口布－後	41.5×6.5cm	1片
F8（前袋）拉鍊口布－前	41.5×3cm	1片
F9（前袋）拉鍊擋布	3.5×3.5cm	2片
F10（前袋）側身底部	54.5×10cm	1片
F11（後袋）拉鍊口布	51.5×3.5cm	1片
F12（後袋）拉鍊擋布	依紙型	4片
F13（後袋）側身底部	44.5×5.5cm	1片
F17包繩布	2.5×100cm	2條（斜布紋）
牛筋襯	依B1紙型（不含縫份）	1片
	9.5×15cm	1片
厚棉	依B1紙型（不含縫份）	1片
	9.5×15cm	1片
洋裁襯	依B1紙型	1片

裡布

B1 前／後袋身	依紙型	4片
B2 手機袋	依紙型	1片
B3 前袋身拉錬口袋袋頂及袋底	依紙型	2片
B4 前袋身拉錬口袋袋身	20×16.5cm	1片
B5 前袋身拉錬口袋布	18×5.5cm	1片
B6（前袋）拉錬口布－後	41.5×6.5cm	1片
B7（前袋）拉錬口布－前	41.5×3cm	1片
B8（前袋）拉錬擋布	3.5×3.5cm	2片
B9（前袋）側身底部	54.5×10cm	1片
B10（後袋）拉錬口布	51.5×3.5cm	1片
B11（後袋）側身底部	44.5×5.5cm	1片
B12 後袋身（下）	粗裁31×14cm	1片
B13 後口袋	粗裁32×15.5cm	1片
B14 後口袋拉錬擋布	3.5×3.5cm	2片
B15 20cm一字拉錬口袋	25×30cm	1片
B16 網狀布側擋布	3.5×13.5cm	4片
B17 網狀布下擋布	31×4cm	2片
B18 PE底板擋布	30×9.5cm	1片

製作 How To Make

❶ 前置作業

1 B1洋裁襯＋牛筋襯＋厚棉＋洋裁襯，共四層先行整燙。

2 9×15cm牛筋襯＋9×15cm洋裁襯，二層先行整燙，為手機袋備用。

3 F9及B8（前袋）拉錬擋布二片正面相對夾車38.5cm拉錬（碼裝）兩端，翻回正面壓線0.2cm兩側疏縫。

4 F16及B14後口袋拉錬擋布夾車27cm拉錬（碼裝），作法同上。

5 F3及F4手機袋蓋兩片正面相對車縫三周U形,並修剪轉角縫份。

6 由返口處翻回正面壓線0.5cm。

7 F3朝上依F1紙型記號線對齊車縫0.5cm,再將袋蓋往上翻壓線1cm。

8 袋蓋中心固定圓弧插釦蓋。

9 F2與B2正面相對車縫袋口處。

10 縫份倒向B2壓線0.2cm。

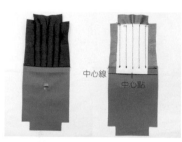

中心線
中心點

11 依圖示位置將手機袋襯棉(牛筋襯朝上)置於B2背面一併壓線(間隔1.5cm)。

12 F2正面依紙型位置固定圓弧插釦座。

13 表／裡布各自車縫兩側底角,縫份向兩側攤開。

14 正面相對對折布邊對齊車縫U形,底部留返口再翻回正面。

15 袋口壓線0.5cm後,依F1紙型記號線對齊三周車縫0.2cm。

10.7cm
2cm
15.5×1.5cm
F6正面

16 B5前袋身拉鍊口袋布背面袋口下2cm,畫出15.5×1.5cm的長方形,再置於F6正面袋口下0.7cm。

17 參閱「部份縫2：一字拉鍊口袋」作法完成開口部份。

18 將17.5cm拉鍊置於下方四周車縫0.2cm。

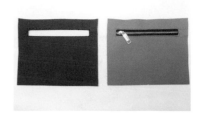

19 B4前袋身拉鍊口袋袋身同F6拉鍊位置畫出15.5×1.5cm的長方型，開口剪開縫份倒向背面四周壓線0.2cm。

20 袋身上下分別車縫袋頂及袋底，縫份攤開整燙。

21 表／裡布正面相對車縫四周，由B4拉鍊口翻回正面整燙四周。

22 裡布拉鍊位置以藏針縫手縫固定。

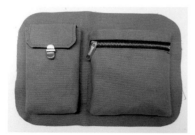

23 依F1紙型記號線四周車縫0.2cm固定。

❹後袋身拉鍊口袋製作

24 F14後袋身（上）與B12後袋身（下），於32cm處正面相對夾車27cm拉鍊。

25 縫份倒向B12壓線0.2cm。

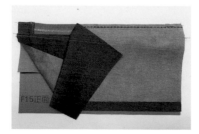

26 F15與B13後口袋表／裡布正面相對夾車拉鍊另一側。

27 縫份倒向B13壓線0.2cm。

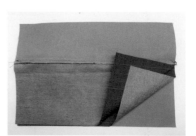

28 將B12、B13、F15三層底部對齊。

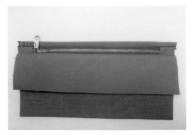

29 F15往上折1cm。

30 三周疏縫依紙型修剪四角多餘布料。

31 F7與B6（前袋）拉鍊口布一後，正面相對夾車38.5cm拉鍊。

32 翻回正面壓線0.2cm及0.5cm二道車線。

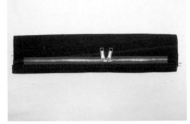

33 F8與B7（前袋）拉鍊口布一前，夾車另一側拉鍊翻回正面壓線0.2及0.5cm二道車線。

34 F10與B9（前袋）側身底部二片正面相對，夾車拉鍊口布兩端，翻回正面壓線0.2cm及0.5cm二道車線，兩側表／裡一併疏縫。

35 前一段28cm長的3.8cm織帶由中心兩側各7cm往中心對折依圖示壓線。

36 兩端反折1.5cm。

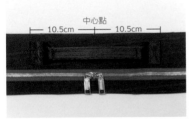

37 依圖示位置車縫於拉鍊口布一後。

38 B18 PE底板擋布於兩端9.5cm處背面反折1cm，壓線0.7cm。

39 置於B9（前袋）側身底部中心點對齊疏縫兩側。

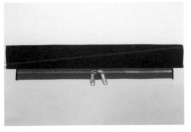

40 F11與B10（後袋）拉鍊口布夾車51.5cm拉鍊，翻回正面壓線0.2cm及0.5cm二道車線。

41 F12（後袋）拉鍊擋布二片正面相對車縫三周，平口處不車為返口。

42 縫份修剪0.3cm由返口處翻回正面壓線0.2cm。

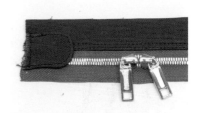

43 置於後袋拉鍊口布中心點。

❻ 裡袋身製作

44 F13與B11（後袋）側身底部正面相對夾車拉鍊口布兩端，同步驟**34**完成。

45 於B1前袋身裡布袋口下3cm處完成20cm一字拉鍊口袋（參閱「部份縫2：一字拉鍊口袋」）。

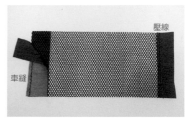

46 取B16網狀布側擋布二片正面相對夾車27.5×13.5cm網狀布的兩側13.5cm處，翻回正面壓線0.2cm。

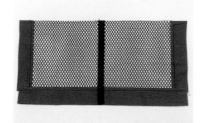

47 B17下擋布二片正面相對夾車27.5cm處，翻回正面壓線0.2cm，2cm人字帶剪一段18cm先對折為1cm置於網狀布中心點。

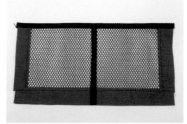

48 網狀布袋口處以2cm人字帶對折包覆車縫固定。

49 置於其中一片B1裡袋身底部對齊三周疏縫，依中心人字帶兩側車縫固定線，再修剪多餘的布料。

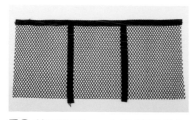

50 剪2段15cm人字帶對折為1cm，置於31×15cm網狀布兩側各進10cm處，袋口處以2cm人字帶對折包覆車縫。

51 固定於B1袋身裡布，作法同**48**及**49**。

❼ 袋身組合

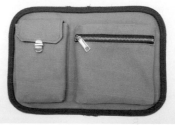

52 前袋身表／裡布背面相對四周疏縫，再完成包繩一圈（參閱「部份縫9：包繩車縫」）。

53 後袋身作法同**52**。

54 另二片B1袋身背面相對中間夾層（前置作業1的襯棉），四周疏縫為中層裡袋身。

55 後袋身與（後袋）拉鍊口布正面相對，四周車縫一圈布邊以2cm人字帶對折包覆車縫固定。

56 另一側拉鍊與（前袋）拉鍊口布－後，正面相對中心點對齊車縫一圈。

57 再與步驟**54**的中層裡袋身正面相對車縫一圈，布邊以2cm人字帶對折包覆車縫固定。

58 前袋身與拉鍊口布－前，正面相對車縫一圈布邊以2cm人字帶對折包覆車縫固定。

59 置入28×8cm的PE底板。

60 翻回正面於袋身兩側打上側邊吊環釦，因吊環釦兩側鉚釘間距不同，請置中即可。

61 完成背帶（參閱「部份縫4：可調式背帶」）。

62 整體完成。

旅行中提袋

Author 翁羚維

完成尺寸：長40cm×寬14cm×高25cm　紙型 D 面

材料 Materials

用布量：表布3尺、裡布3尺、配色布1尺

配件：50cm5#塑鋼拉鍊1條（袋口）、20cm5#塑鋼
拉鍊1條（內袋）、15cm5#塑鋼拉鍊1條（前口袋）、
21mm雞眼釦1組、3.8cm織帶8尺、15mm平面壓釦1組、
皮對釦1組（11cm長）、皮片4個、3cm三角鋅環2個、
3cm問號鉤2個、磁釦1組、6×6鉚釘、8×6鉚釘、PE板
39×13.5cm 1片、2.5cm織帶1尺

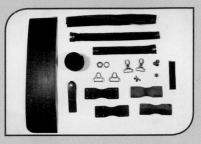

裁布：（以下紙型及尺寸皆已含0.7cm縫份，本次示範
作品表布為棉麻布、裡布為尼龍布、配色布是皮革布，
故裡布及配色布不需燙襯。）

表布
F1 表袋身	依紙型折雙	1片（厚布襯）
F2 前口袋	依紙型	1片（厚布襯）
F3 後口袋	依紙型	1片（厚布襯）
F4 前口袋袋底	依紙型	1片（厚布襯）
F5 表袋底	32.5×16cm	1片（厚布襯30.5×14cm）

裡布
B1 裡袋身	依紙型	2片
B2 前口袋	依紙型	1片
B3 後口袋	依紙型	1片
B4 裡口袋袋底	依紙型	1片
B5 一字拉鍊（外袋）	16×30cm	1片
B6 一字拉鍊（內袋）	23×37cm	1片
B7 滾邊折式口袋	36×30cm	1片

配色布
C1 前口袋貼邊	依紙型	1片
C2 後口袋貼邊	依紙型	1片
C3 雞眼釦片	依紙型	2片
C4 手把裝飾布	16×3.5cm	2片

製作 How To Make

❶ 前口袋製作

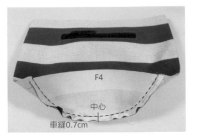

1 F2前口袋中心下3cm與B5完成13cm一字拉鍊口袋（參閱「部份縫2：一字拉鍊口袋」）。

2 F2前口袋下方依紙型位置，將褶子倒向外側，疏縫固定。

3 與F4前口袋袋底正面相對，中心相對，車縫圓弧處。

4 B2前口袋同步驟**2**，將褶子疏縫固定。

5 與C1前口袋貼邊正面相對，中心相對車縫。

6 縫份倒向B2前口袋，壓線0.2cm。

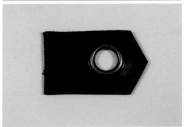

7 與B4裡口袋袋底車縫，同步驟**3**。

8 將步驟**3**與步驟**7**正對正，車縫袋口及袋底處，袋底止點處剪牙口，如圖示。

9 翻回正面，袋口壓線0.2cm。

❷ 雞眼釦片製作

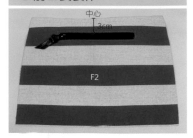

10 C1前口袋貼邊中心下1.5cm固定磁釦（凸釦）。

11 將前口袋依紙型位置車縫於F1表袋身0.2cm固定，兩側與織帶位置重疊1cm固定，如圖示。

12 將2片C3雞眼釦片背對背，正面車縫0.2cm固定，並敲上雞眼釦。

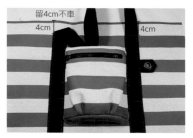

13 將完成的C3雞眼釦片與織帶（115cm長），皆依照紙型位置車縫固定，袋口留4cm不車。

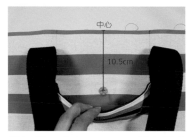

14 袋口中心下10.5cm固定磁釦（凹釦）。

❸ 後口袋製作

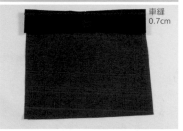

15 C2後口袋貼邊與B3後口袋正面相對，中心相對，車縫0.7cm。

16 縫份倒向B3後口袋，正面壓線0.2cm。

17 步驟**16**與F3後口袋正對正，車縫袋口0.7cm。

18 翻回正面，壓線0.2cm。

19 C2後口袋貼邊中心下1.5cm固定壓釦（凹釦）。

20 剪一段9cm長的2.5cm織帶，中心固定壓釦（凸釦）。

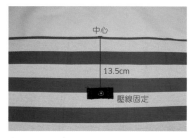

21 織帶兩端折入1cm，置於袋口下13.5cm處，壓線固定，如圖示。

22 將F3後口袋依紙型位置疏縫凵字型0.2cm固定，如圖示。

23 再依紙型位置固定3.8cm織帶（115cm長），袋口留4cm不車。

❹ 袋底製作

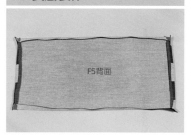

24 F5表袋底四周折燙1cm備用。

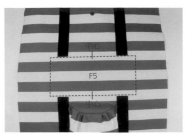

25 將F5表袋底固定於表袋身，上下左右中心相對，四周壓線0.2cm固定，如圖示。

❺ 表袋身製作

26 C4手把裝飾布對折，與織帶一同壓線0.2cm固定，並完成另一邊。

27 表袋身對折，車縫兩側脇邊0.7cm。

28 脇邊縫份燙開，翻回正面，手縫皮對釦固定。

❻ 裡袋身製作

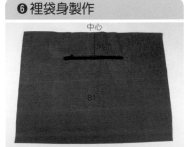

29 B1裡袋身中心下9cm與B6完成20cm一字拉鍊。（參閱「部份縫2：一字拉鍊口袋」）

30 另一片B1裡袋身中心下11cm完成折式口袋，並在袋口處以鉚釘（6×6）加強固定，口袋大小依個人需求調整。（參閱「部份縫1：滾邊折式口袋」）

31 將二片裡袋身正面相對車縫，留返口約20cm。

32 縫份燙開，正面左右壓線0.5cm。

33 裡袋身對折，車縫兩側0.7cm，縫份燙開。

❼ 組合

34 將完成的表裡袋身正面相對，中心相對，一同夾車袋口拉鍊。

35 利用返口翻回正面，袋口壓線0.5cm一圈。

36 兩端多餘的拉鍊做修剪，並在織帶處以鉚釘（8×6）固定，如圖示。

37 皮片分別套入問號鉤及三角
鋅環，以鉚釘固定。

38 由返口置入PE板，返口藏針
縫，即完成。

Author 翁羚維

雅痞單肩後背包
完成尺寸：長17cm×寬13cm×高32cm　紙型 D 面

材料 Materials

用布量：表布2尺、裡布2尺、配色布少許

配件：30cm5#塑鋼拉鍊1條（袋口）、20cm5#塑鋼拉鍊2條（一字拉鍊）、1cm寬鬆緊帶15cm長1條、3.8cm插釦1個、3.8cm旋轉勾1個、3.8cm口型環2個、2.5cm日型環1個、3.8cm織帶5尺、2.5cm織帶1尺、8×6鉚釘5組

裁布：（以下紙型及尺寸皆已含0.7cm縫份，本次示範作品表布為光彩尼龍布、裡布為雨傘布、配色布為皮革布，皆不需燙襯。）

表布

F1 表袋身	58.5×43cm	1片
F2 背帶布	依紙型	2片
F3 背帶布	依紙型	1片
F4 袋口尾端拉鍊布	3×8cm	2片

裡布

B1 裡袋身	58.5×43cm	1片
B2 一字拉鍊口袋	20×25cm	2片
B3 鬆緊口袋	24.5×35.5cm	1片
B4 袋口側身滾邊布	3.5×24cm	1條（裁橫布紋即可）
B5 袋底側身滾邊布	3.5×17cm	1條（橫布紋）
B6 袋底滾邊布	4.5×14cm	1條（橫布紋）
B7 袋底滾邊布	4×20cm	1條（橫布紋）

配色布

| C1 拉鍊尾端裝飾片 | 3.5×8cm | 1片 |

製作 How To Make

❶袋身拉鍊口袋製作

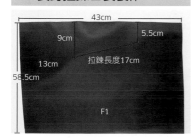

1 依圖示位置將一字拉鍊口袋記號線畫出。

2 與B2完成17cm一字拉鍊口袋，製作完成後將多餘的拉鍊修剪。（參閱「部份縫2：一字拉鍊口袋」）

3 同作法，完成另一邊一字拉鍊口袋。

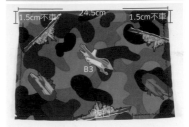
❷ 鬆緊口袋製作

1.5cm不車　24.5cm　1.5cm不車

B3

返口

4 取F4袋口尾端拉鍊布與30cm拉鍊正面對正面，一同夾車0.7cm。

5 兩側疏縫0.2cm固定。

6 B3鬆緊口袋於35.5cm處對折，如圖示車縫，下方留返口約10cm。

返口

兩端車縫0.2cm

B3正面

中心

4cm　5.5cm　5.5cm　4cm

7 利用返口翻回正面，折雙處正面壓線1.5cm。

8 穿入鬆緊帶，兩端先車縫0.2cm固定，如圖示。

9 鬆緊口袋中心左右各5.5cm分別畫出4cm寬的褶子記號線。

B1裡袋身正面

11.5cm

❸ 袋口拉鍊製作

2.5cm

F1表袋身

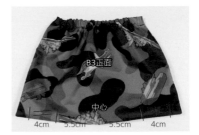

B1裡袋身背面

F1表袋身正面

10 將鬆緊口袋固定B1裡袋身中心上11.5cm處，褶子倒向外側，車縫ㄇ字型0.2cm固定。

11 將步驟**5**運用水溶性膠帶黏貼步驟**3**正面處，拉鍊頭朝向F1表袋身，上方留2.5cm。

12 再覆蓋步驟**10**，一同夾車0.7cm固定。（注意別車到一字拉鍊）

F1

13 翻回正面，壓線0.5cm。

14 同作法，完成另一邊袋口拉鍊。

15 袋身對折，正面朝內，疏縫袋底側身0.2cm。

❹ 側身滾邊製作

16 B5袋底側身滾邊布與B1裡袋身正面相對，如圖示擺放，側身車縫0.7cm。

差距4.5cm
車縫0.7cm
差距7cm
B1裡袋身

17 對折，包覆側身，壓線0.2cm。

壓線0.2cm
B1裡袋身

18 下方打底角17cm，側身倒向左或右皆可。

17cm

19 縫份保留0.7cm，其餘布料修剪。

縫份留0.7cm

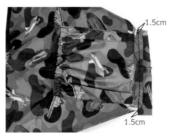

20 與B7袋底滾邊布正面相對，車縫0.7cm，頭尾布料各留1.5cm。

1.5cm
1.5cm

21 頭尾兩端折入1.5cm收邊，壓線0.2cm，完成滾邊。

22 另一端打底角11cm，並置入C1拉鍊尾端裝飾片一同夾車。

11cm

23 同作法**19**，其餘布料修剪。

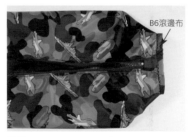

24 取B6袋底滾邊布，同作法**20**、**21**，完成滾邊。

B6滾邊布

25 袋底滾邊圖示。

B6滾邊布
B5滾邊布
B7滾邊布

26 袋口側身正面對正面，疏縫0.2cm。

疏縫0.2cm

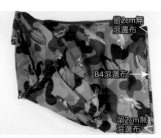

27 同作法**16**、**17**，與B4袋口側身滾邊布完成滾邊，如圖示擺放。

留2cm無滾邊布
B4滾邊布
留2cm無滾邊布

❺ 背帶布製作

28 F3背帶布正面對正面對折，下方折0.7cm，車縫側面0.7cm，如圖示。

29 翻回正面，套入袋口，四周壓線0.2cm固定。

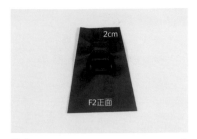

30 剪一段8cm長的2.5cm織帶，套入日型環，如圖式固定於F2背帶布正面處，壓線0.2cm及1.5cm固定。

31 再剪一段20cm長的2.5cm織帶，套入日型環下方，往內折1.5cm再2cm，壓線固定。（注意：勿車住F2背帶布）

32 織帶下方往外折1cm再1cm，壓線0.2cm固定。

33 另一片F2背帶布於正面中心將3.8cm織帶（70cm長）持出1cm，疏縫0.2cm固定。

34 步驟32及33正面相對，下方折0.7cm，車縫ㄇ字型0.7cm，如圖示。

35 翻回正面，套入袋口，四周壓線0.2cm固定。

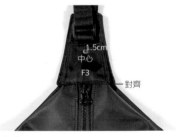

36 將2片背帶布對齊，如圖示位置，利用鉚釘固定。

37 織帶套入插釦，反折1.5cm，車縫固定，如圖示。

38 剪54cm長的3.8cm織帶，套入插釦下方，同樣反折1.5cm，車縫固定，織帶下方並套入旋轉勾，車縫固定，如圖示。

39 再剪2段8cm長的3.8cm織帶，套入口型環，織帶往內折收邊，中間車縫一道固定線，運用鉚釘固定袋身上，完成兩邊。

40 可用剩餘的皮革布裁剪 0.5cm寬，15cm長，套入拉鍊環做裝飾。

41 完成。

Author

古依立

教授手提後背二用包

完成尺寸：長33cm×寬13cm×高40cm 紙型 Ｄ 面

材料 Materials

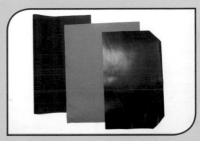

用布量：表布3尺、皮革布2尺、裡布3尺

配件：14cm5#拉鍊1條（前口袋直向）、25cm
5#拉鍊1條（前口袋橫向）、方型插釦1組、3.8cm
織帶10尺、3.8cm日型環2個、3.8cm口型環2個、
3cm D型環2個、人字帶4尺、網狀布28×15cm1片、
10mm雞眼釦4顆、四合壓釦2組、魔鬼粘5cm

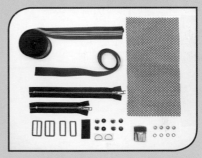

裁布：（以下紙型及尺寸皆已含1cm縫份，車縫拉鍊
縫份為0.7cm，本次示範表布為光彩尼龍布、裡布為8
號帆布，皆不需燙襯。）

表布

F1 前袋身（中）	依紙型	1片
F2 前口袋	34×29.5cm	1片
F3 側身	依紙型	正／反面各1片
F4 袋蓋裡布	依紙型	1片
F5 前貼邊	依紙型	1片
F6 後袋身	依紙型	1片（厚布襯2片＋不含縫份牛筋襯及厚棉各1片）
F7 後貼邊	33×11cm	1片
F8 袋底	依紙型	1片（厚布襯2片＋不含縫份牛筋襯及厚棉各1片）
F9 織帶擋布	依紙型	2片

皮革布

F10 袋蓋表布	依紙型	1片
F11 後袋身織帶擋布	18×5cm	1片
F12 持手裝飾布	19.5×5cm	1片
F13 前袋身下裝飾布	53×6cm	1片
F14 D型環擋布	3×10cm	2片
F15 魔鬼粘擋布	4×3cm	1片

裡布

B1 前口袋	34×26cm	1片
B2 前口袋底布	28×29.5cm	1片
B3 前袋身裡布	53×32cm	1片
B4 貼式口袋	30×40cm	1片
B5 後袋身裡布	33×32cm	1片
B6 後袋身內口袋	30×61cm	1片
B7 袋底	依紙型	1片

製作 How To Make

❶ 袋蓋製作

1 F10與F4袋蓋二片正面相對車縫三邊平口處不車,修剪轉角處縫份。

4 縫份倒向B1壓線0.2cm。

2 翻回正面壓線0.5cm,中心點鎖上插釦蓋。

5 正面對折底部對齊,於左上方劃出1.7×14.5cm的L型記號線。

7 先將裡布翻起取14cm拉鍊與F2正面相對布邊對齊,頭擋布邊需收邊處理。

10 表/裡布的縫份皆反折以水溶性膠帶固定。

❷ 前口袋製作

3 F2與B1前口袋表/裡布正面相對,夾車25cm拉鍊中心點對齊。

6 依記號線剪去布料,並依圖示標示出拉鍊車縫止點處。

8 再將裡布翻回,表/裡布正面相對夾車14cm拉鍊縫份0.7cm至止點處。

9 表/裡布於止點處分別剪牙口。

11 翻回正面壓線L型0.2cm。

12 F2前口袋表布依圖示位置(參閱插釦座擋片間距)打上4顆10mm雞眼釦(背面可墊上一片擋布加強)。

13 鎖上插釦座。

❸ 前袋身製作

14 三邊疏縫，二側進4cm為山線，於山線處車縫0.2cm壓線。

15 F1前袋身（中）與B2前口袋底布正面相對，夾車25cm拉鍊另一側。

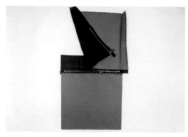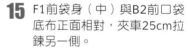

16 縫份倒向B2壓線0.2cm。

17 先剪一段15cm人字帶對折為1cm，置於網狀布28cm處中心點對齊。網狀布布邊以2cm人字帶對折包覆，車縫固定。

18 置於B2底部由下往上9cm兩側脇邊疏縫，中間依人字帶兩側車縫0.2cm固定線，底部以人字帶覆蓋且於上／下車縫固定線。

19 前口袋袋底對齊B2底部上4cm處，三邊疏縫固定。

20 與F3側身二片正面相對車縫1cm，縫份倒向F3車縫0.2cm及0.7cm二道壓線。

21 F13前袋身下裝飾布（皮革布）背面朝上置於底部上4cm處，車縫1cm。

22 翻回正面，車縫0.2cm及0.7cm兩道壓線。

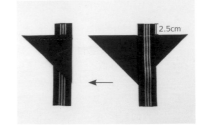

23 取3.8cm織帶17cm長，置於F9織帶擋布中心點需持出2.5cm，再將F9對折車縫1cm。

24 翻回正面套入口型環。

25 將織帶反折對齊F9底部，車縫L型0.5cm壓線。

26 返口處布邊疏縫，剪去多餘的織帶，再完成另一側（記得方向為左／右各1片）。

27 疏縫於F6後袋身兩側脇邊底部上1.5cm。

28 3.8cm織帶剪一段40cm，兩端套入3cmD型環，再反折對齊11.5cm車縫固定。

29 反折處與F12持手裝飾布背面相對中心點對齊且置中。

30 持手裝飾布兩側布邊對折，倒向中心，並車縫固定。

31 F14 D型環擋布二片，各自穿入兩側D型環，再對折疏縫。

32 3.8cm織帶剪二段95cm，依紙型位置固定於F6後袋身。

33 將F6後袋身的（厚襯及棉）四層整燙，置於後袋身背面四周疏縫。

34 F11後袋身織帶擋布固定於後袋身下3cm，四周車縫0.2cm及0.5cm二道固定線。

35 將完成的持手正面朝上，依後袋身紙型位置車縫固定，D型環擋布需持出1.5cm，並參閱「部份縫4：可調式背帶」完成背帶。

36 將完成的袋蓋裡面朝上，與後袋身中心點對齊並車縫固定。

37 與已完成的前袋身正面相對車縫兩側脇邊。

⑤ 裡袋身製作

38 3.8cm織帶剪一段20cm，將魔鬼粘凸面車縫於底部上1.5cm。

39 F15魔鬼粘擋布於3cm處對折包覆織帶布邊車縫固定。

40 B6後袋身內口袋背面依圖示位置畫出記號線，置於B5後袋身裡布上方布邊及中心點對齊，再依記號線車縫固定。

41 留下1cm其餘布料剪掉，轉角處需剪牙口。

42 B6翻回至B5背面整燙，袋口壓線0.2cm，並於B5袋口下2.5cm處車縫魔鬼粘（毛面），記得不要車到B6。

43 將B6反折與B5袋口對齊，兩側脇邊車縫固定。

44 F7後貼邊正面相對車縫0.7cm。

45 縫份倒向貼邊車縫0.2cm及0.5cm二道壓線，並將魔鬼粘織帶置中固定。

46 將B4貼式口袋（參閱「部份縫5：貼式口袋」），車縫於B3前袋身裡布袋口下4cm。

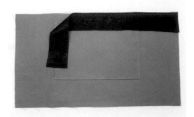

47 與F5前貼邊正面相對車縫固定。

48 縫份倒向F5車縫0.2cm及0.5cm二道壓線。

❻ 組合

49 與後袋身（步驟45）正面相對車縫兩側脇邊。

50 表／裡袋身正面相對套合，車縫袋口一圈。

51 脇邊直角處需剪牙口，後袋身直角處修剪縫份，再由底部翻回正面。

52 前袋身袋口處壓線0.5cm，袋底表／裡布先行疏縫。

53 側身依紙型位置打上四合壓釦。

54 將F8袋底的（厚襯及棉）四層整燙，再置於袋底表／裡布中間，四周疏縫固定。

55 與袋身底部正面相對，先車縫後袋身，起頭／結束各預留1cm不車，袋身剪牙口轉直角，再接合前袋身。

56 布邊以2cm人字帶對折包覆車縫固定。

57 翻回正面，完成。

Author 古依立

迷彩風格後背包

完成尺寸：長30cm×寬18cm×高42cm 紙型 D 面

材料 Materials

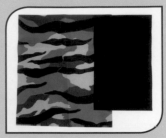

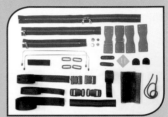

用布量：表布4尺、裡布3尺

配件：30cm支架口金1組、50cm5#金屬拉鍊1條、30cm5#金屬拉鍊1條、25cm5#金屬拉鍊1條、15mm壓釦1組、裝飾皮片－豬鼻子1片、織帶用皮片4組、拉鍊皮片2片、裝飾條2片、3.8cm織帶4尺、3cm織帶6尺、3cm口型環4個、3cm壓釦2組、2.5cm織帶3尺、2.5cm插釦2組、3cm彈性織帶1尺、網狀布（A）24×42cm＋（B）30.5×12cm＋（C）14×14cm各1片、魔鬼粘10cm、細棉繩7尺、2cm人字帶10尺、8×8鉚釘

裁布：（以下紙型及尺寸皆已含0.7cm縫份，本次示範表、裡布皆為尼龍布不需燙襯。）

表布（迷彩）

F1 前上袋身	30.5×25cm	1片
F2 前下袋身	30.5×20.5cm	1片
F3 前口袋表布	34.5×16.5cm	1片
F4 前口袋蓋表布	34.5×9.5cm	1片
F5 後口袋	30.5×36cm	1片（厚棉29×36cm、厚布襯30.5×36cm各1片）
F6 側身	依紙型	2片
F7 左側身口袋（表布）	依紙型正面取圖	1片
F8 左側身口袋（底布）	依紙型正面取圖	1片
F9 拉鍊口布	46×5.5cm	4片
F10 背帶布	依紙型	正／反各2片（厚棉不含縫份4片、厚布襯依紙型4片）
F11 織帶擋布	依紙型	2片

表布（素色）

F12 後袋身	30.5×43.5	1片
F13 包繩布（斜布紋）	2.5×100	2條
F14 袋底	30.5×18.5cm	1片（厚棉29×17cm1片、厚布襯30.5×18.5cm1片）
F15 左側身口袋（裡布）	依紙型反面取圖	1片
F16 左側身口袋（底布）	依紙型反面取圖	1片
F17 前口袋裡布	34.5×16.5cm	1片
F18 前口袋蓋裡布	34.5×5.5cm	1片
F19 後口袋裡布	30.5×39cm	1片

裡布

B1 前／後裡袋身	30.5×43.5cm	2片
B2 後袋身口袋	35×70cm	1片
B3 側身	依紙型	2片
B4 袋底	30.5×18.5cm	1片

製作 How To Make

❶ 前置作業

1 將F5、F10、F14的厚棉與厚布襯二片重疊先行整燙。

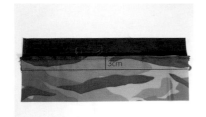

2 噴膠距離F5厚棉上方約10cm均勻的噴上，再將F5後口袋布覆蓋上，F10及F13作法同上。

❷ 前袋身製作

3 F4與F18前口袋蓋表／裡布正面相對夾車30cm拉鍊。

4 於F4背面布邊下3cm畫出記號線。

5 由3cm記號線反折，於F4正面反折線上2.2cm車縫固定線。

6 於F4與F18背面左／右角各畫出2.7cm直角線。

7 各車縫底角需預留0.7cm不車，縫份修剪剩0.7cm再兩側攤開。

8 翻回正面布邊疏縫。

9 F3及F17前口袋表／裡正面相對夾車拉鍊另一側。

10 翻回正面壓線0.2cm。

11 2cm人字帶剪12cm對折後置於網狀布（B）30.5cm中心點，再取2cm人字帶對折包覆布邊車縫固定。

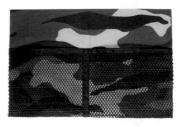

12 置於F2前下袋身底部布邊對齊，依12cm人字帶兩側車縫固定線，再三邊疏縫。

13 將完成的前口袋（步驟**10**）置於F2上方，三邊（兩側脇邊及上方）布邊對齊疏縫固定。

14 底部中心對齊兩側脇邊進2.5cm為谷折，將多餘布料倒向兩側後再疏縫。

15 F1前上袋身與前口袋正面相對車縫0.7cm。

❸ 後袋身製作

16 縫份倒向F1壓線0.5cm，並於中心下6cm車上裝飾皮片。

17 F5後口袋依圖示位置壓線或依個人喜好壓線。

18 F19後口袋裡布於30.5cm處袋口下5cm車縫5cm魔鬼粘（刺面）。

19 再與F5正面相對車縫1.5cm。

20 F19翻至背面袋口處留1.5cm為假滾邊，再壓線0.1cm。

❹ 持手與後背帶製作

21 F12後袋身袋口下9.5cm車縫5cm魔鬼粘（毛面）。

22 3.8cm織帶剪2條50cm長，中心往兩側各10cm對折車縫0.2cm。

23 兩端各以織帶皮片包覆（皮片需套入3cm口型環）。

24 於織帶中心點各自打上15mm壓釦，注意上／下方向。

25 並於壓釦正／背面再打上裝飾條。

26 取F10背帶布（正／反）各1片，背面相對四周疏縫。

27 2cm人字帶對折包覆布邊車縫固定。

28 3cm織帶剪2條12cm長，於右側進2cm畫出記號線。

29 織帶右側2cm先反折，左側套入3cm插釦蓋並反折，與右側反折的織帶布邊併合對齊。

30 翻回正面置於背帶布上5cm車縫固定。

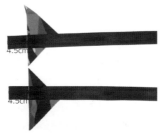

31 3cm織帶剪2條60cm長，置於F11織帶擋布中心點（注意左／右方向）需持出4.5cm。

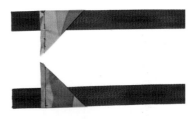

32 擋布反折車縫0.7cm。

❺ 側身口袋製作

33 翻回正面壓線0.5cm，再修剪多餘的織帶。

34 另一端套入插釦座，並將織帶末端反折2次1.5cm車縫固定。

35 網狀布（C）14×14cm四周以2cm人字帶對折包覆，車縫固定。

36 依圖示位置車縫於F16左側
身口袋（底布）裡布。

1cm

37 25cm拉鍊背面與F16正面相
對布邊對齊，拉鍊頭擋依圖
示位置對齊並收邊。

38 F8左側身口袋底布正面相
對，依紙型拉鍊車縫線車縫
固定。

39 縫份剪三角牙口翻回正面壓
線0.2cm。

3.5cm

40 另一側拉鍊與F7左側身口袋
正面相對布邊對齊，拉鍊頭
擋位置依圖示位置對齊並收
邊。

41 與F15左側身口袋裡布正面
相對車縫0.7cm至拉鍊止點
處。

42 弧度處剪三角牙口及F7與
F15拉鍊止點處皆需剪直角
牙口。

43 F7牙口處布邊轉直角與拉鍊
平行。

44 F15同上。

45 車縫固定。

46 翻回正面壓線0.2cm。

47 4片布邊對齊，置於F6側身
袋底對齊疏縫三邊。

48 2.5cm織帶剪9cm套入2.5cm插釦蓋，26cm套入插釦座織帶末端，車縫方式同步驟**34**。

49 分別固定於F6側身袋口下13cm處（注意：插釦蓋固定於前身處）。

50 網狀布（A）於42cm處對折，將20cm的彈性織帶置於反折處。

51 彈性織帶拉開車縫上／下二道固定線。

52 置於另一片側身底部對齊兩側先行疏縫，網狀布袋底打折與側身同寬後，再車上2cm人字帶加強，再依側身底部同步驟**48**～**49**完成插釦。

53 參閱「部份縫13：包繩車縫」，完成側身包繩。

❻ 袋身接合

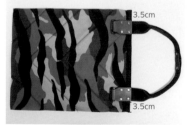 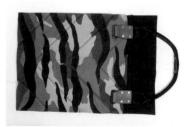 

54 將完成的持手（步驟**25**），依圖示位置以鉚釘固定於後口袋。

55 置於F12後袋身正面，袋底布邊對齊三邊疏縫。

56 並將（步驟**30**）背帶布及（步驟**34**）織帶擋布皆正面朝上，依圖示位置疏縫固定，背帶布需持出2cm。

57 F14袋底三層壓棉（45度角間隔3cm）。

58 後袋身與袋底正面相對車縫0.7cm。

59 縫份倒向袋底壓線0.5cm。

60 前袋身接合方式同上。

61 表袋身與側身中心點對齊先車縫0.7cm。

62 再車縫兩側脇邊。

63 另一側身車縫方式同上。

0.7cm

64 F9拉鍊口布於兩端背面反折0.7cm車縫0.5cm固定後，二片正面相對夾車50cm拉鍊。

65 翻回正面車縫0.2cm及2cm二道壓線，另一側作法同前。

❼ 袋身接合

66 與袋身正面相對袋口中心點及布邊對齊，疏縫一圈。

67 B2後袋身口袋於70cm處背面反折，折雙邊以2cm人字帶對折包覆車縫固定，袋口下5cm車縫5cm魔鬼粘（毛面）。

68 固定於B1後裡袋身袋底對齊，兩側脇邊先行疏縫。

2cm

69 底部兩側脇邊各進4cm，將多餘布料倒向兩側再疏縫底部。

70 3cm織帶剪36cm長，一端先反折3cm，再於反折邊進2cm處，車上5cm魔鬼粘（刺面）。

71 置於B1後袋身中心點與布邊對齊車縫5cm固定線。

72 裡袋身接合方式同表袋身，需留15cm返口。

73 表／裡袋身正面相對套合車縫袋口一圈。

74 由返口翻回正面，袋口壓線0.5cm，返口以藏針縫固定。

75 縫上拉鍊皮套，再置入支架口金。

76 前袋身依圖示位置固定持手。

77 完成。

製作前須知

1 拉鍊說明：
此次示範作品的拉鍊有市售標準規格及碼裝二款，請參閱以下說明：

例20cm3#尼龍拉鍊：20cm是有頭/尾擋片規格的尺寸。
例27.5cm 5#金屬拉鍊（碼裝）：27.5cm是指無頭／尾擋片，為實際長度。
※3#拉鍊寬度為2.5cm
※5#拉鍊寬度為3.2cm

2 作品尺寸說明：
不含提把高度，皆以公分（cm）為單位。

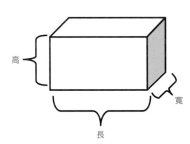

3 裁布尺寸說明：書內提供的紙型及尺寸皆已含0.7cm縫份，如有其他縫份請依裁布註解為主。
例：F1前袋身35×25，35為橫布紋、25為直布紋。

4 因作品裁片較為繁瑣，因此會將「裁片」以中文說明位置，並以「英文代號」加以註記，英文代號"F"為表布，"B"為裡布。

5 燙襯說明：
例1：F1前袋身依紙型1片（厚布襯）→為F1前袋身背面需燙滿厚布襯。
例2：F8袋蓋依紙型1片（厚布襯不含縫份）→

為袋蓋背面的厚布襯需減去縫份。

6 車縫防水布及皮革布時，需換上皮革壓布腳，針趾可調整為3.0mm～3.5mm，亦可搭配「沙利康」塗抹於布料上，再進行車縫。

7 疏縫名詞說明：疏縫時縫份約0.3cm～0.5cm，針趾約3.0mm～5.0mm，為暫時性固定，但於接合後是不需拆除的。

8 魔鬼粘說明：

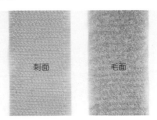

9 雙面鉚釘說明：
例：8×6鉚釘→（8）為面寬直徑8mm／（6）為鉚釘腳長6mm

🪡 部份縫1：滾邊折式口袋（依個人喜好製作不同大小的口袋）

1 口袋正面對折，落差0.5cm，燙出折痕線。

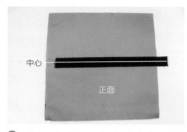

2 人字帶（2cm寬）中心對齊口袋正面折痕線。

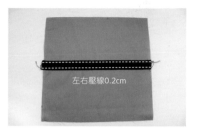

3 左右壓線0.2cm。

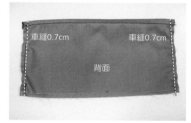

4 口袋對折，兩側車縫0.7cm。

5 翻回正面整燙。

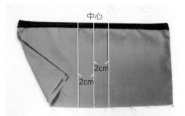

6 口袋布較長的為正面，劃出中心線及左右各2cm寬的直線。

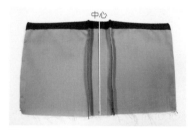

7 分別將左右邊的直線折山線，各別壓線0.2cm。

8 往中心熨燙，下方重疊處先行疏縫。

9 依作品製作說明位置擺放，正對正，車縫0.5cm。

10 往上翻整燙，車縫中心線。

11 兩側壓線0.2cm，下方壓線0.5cm固定，完成。

部份縫2：一字拉鍊口袋（示範拉鍊長度20cm）

1 拉鍊口袋布背面取中心下3cm，畫出20.5cm×1cm的長方形，如圖示。

2 與袋身中心相對，正對正，拉鍊口袋布的第一條線對齊袋身固定線車縫，如圖示。

3 剪開中心Y字。

4 翻回正面，長邊處縫份燙開。

5 貼上拉鍊，拉鍊頭朝下。下方再貼上水溶性膠帶。

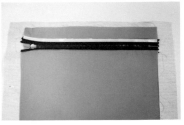

6 口袋布往上翻黏貼固定。

7 正面車縫拉鍊下方0.2cm。

8 拉鍊布往下翻整燙（小心拉鍊齒）。

9 上方再黏貼水溶性膠帶。

10 口袋布往上折貼合，車縫兩側1cm。

11 正面車縫ㄇ字型0.2cm。

12 後方布料稍作修剪，完成。

🧵 部份縫3：磁釦固定

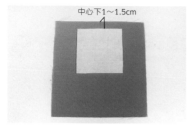

中心下1～1.5cm

1 背面袋口下1～1.5cm，貼上5cm×5cm大小的厚布襯。（視布料厚薄而定）

中心
2～3cm

2 中心下2～3cm畫出磁釦位置。

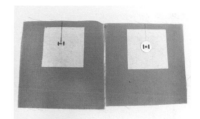

3 與磁釦鐵片中心對齊，畫出兩側距離。

4 用錐子鑽洞。

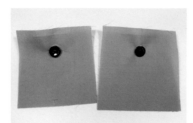

5 置入磁釦。

6 背面套入鐵片，往內折，即完成。

🧵 部份縫4：可調式背帶

1 一端織帶穿入日型環，再套入問號勾。

3cm

2 返折穿入日型環中樑，織帶折3cm，如圖示車縫固定。

3 另一端織帶套入問號勾，折3cm，如圖示車縫固定，完成。

4 也可依作品需求，織帶兩端是套入口型環的方式呈現。

🪡 部份縫**5**：貼式口袋

1 口袋對折，如圖示車縫，留返口約8～10cm（視口袋大小而定）。

2 下方角度縫份稍作修剪。

3 翻回正面整燙。

4 口袋固定袋身上，返口朝下，車縫ㄩ字型0.2cm。

5 依個人喜好做間隔壓線，完成。

🪡 部份縫**6**：網狀布內袋（示範拉鍊長度20cm）

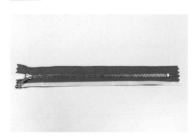

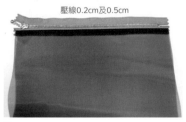

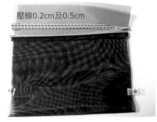

1 拉鍊下方貼上水溶性膠帶。

2 網狀布內折0.5cm，覆蓋拉鍊下方，壓線0.2cm及0.5cm。

3 拉鍊反折，直接覆蓋網狀布，壓線0.2cm及0.5cm。（反折的深度依個人需求調整）

4 人字帶置於脇邊下方，尾端多出1.5cm。

5 下方1.5cm人字帶先反折包覆，再反折長邊，正面壓線0.2cm。

6 同作法，製作另一側，即完成。

1 拉鍊口袋布背面畫出20.5cm×2cm的ㄩ字型。

2 與袋身正對正，中心相對，布邊對齊，車縫ㄩ字型。

3 留0.5cm縫份，其餘修剪，並在兩端直角處剪牙口。

4 翻回正面整燙，與拉鍊下方貼合。拉鍊背面下方處貼上水溶性膠帶。

5 拉鍊口袋布往上翻黏貼固定。

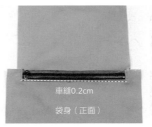

6 正面車縫下方0.2cm，頭尾不回針。

7 口袋布向下翻回，稍作整燙（小心拉鍊齒）。拉鍊背面上方處，貼上水溶性膠帶。

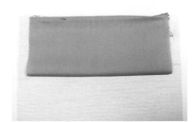

8 拉鍊布往上黏貼，與拉鍊對齊。

9 車縫口袋兩側1cm。

10 拉鍊兩端再各別車縫L型裝飾線。拉鍊正面上方貼上水溶性膠帶。

11 與上方布料正對正，中心相對，車縫0.7cm。

12 縫份倒向上，正面壓線0.2cm，即完成。

🪡 部份縫8：筆電擋布

1 口袋布背面依序燙上牛筋襯、單膠棉、洋裁襯。

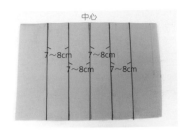

2 口袋布覆蓋熨燙。

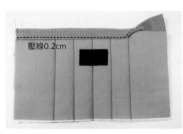

3 間隔7cm～8cm壓線固定，如圖示。

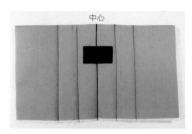

4 依作品位置說明，正面中心下車縫魔鬼粘毛面。

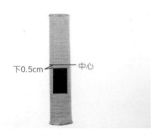

5 3.8cm織帶對折，包覆口袋上方，正面壓線0.2cm。

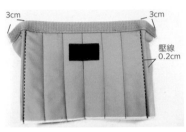

6 由外側往內3cm折山線，山線處壓線0.2cm固定，織帶不壓。

7 與袋身布邊對齊，中心相對，疏縫ㄩ字型固定。

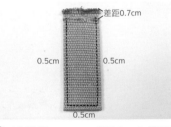

8 3.8cm織帶中心下0.5cm，車縫魔鬼粘刺面。

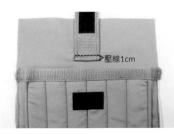

9 織帶差距0.7cm對折，車縫織帶ㄩ字型0.5cm。

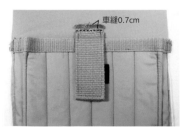

10 置於袋身上車縫0.7cm，魔鬼粘朝下。

11 再往上折，壓線1cm。

12 完成。

🧵 部份縫9：包繩車縫（一圈）

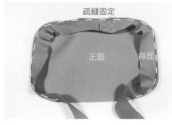

1 斜布條與袋身正對正，單面疏縫固定，頭尾各留5cm不車。

2 頭尾以斜布條的接合方式車縫。（同部份縫14）

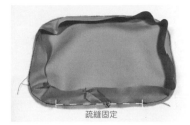

3 再疏縫固定。

4 放入細棉繩，覆蓋斜布條疏縫，頭尾留5cm不車。

5 細棉繩兩端以手縫方式接合。

6 再覆蓋斜布條，疏縫固定，即完成。

🧵 部份縫10：三角側絆夾車織帶

1 側絆正面畫出中心線。

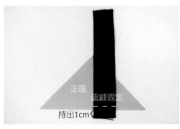

2 2.織帶置於中心線右側，下方持出1cm，疏縫固定。

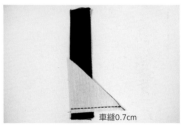

3 對折，車縫下方0.7cm。

4 翻回正面整燙，如圖示壓線0.5cm。

5 將多餘的布料修剪，同作法完成另一片。

🪡 部份縫11：鬆緊口袋車縫 （示範尺寸：寬15cm×長25cm／鬆緊帶10cm）

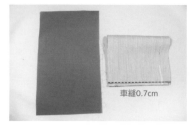

1 布料正對正，對折車縫0.7cm。

車縫0.7cm

2 翻回正面，上下壓線1.5cm。

壓線1.5cm
壓線1.5cm

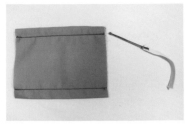

3 運用穿帶器，夾住鬆緊帶置入。

4 與布邊對齊，先疏縫固定。

穿帶器　　　對齊疏縫

5 運用穿帶器，拉扯鬆緊帶，與另一端布邊對齊，疏縫固定。

疏縫固定

6 同作法，完成下方鬆緊帶。
（※備註：鬆緊帶長度可依各人需求及彈性上的不同而做調整）

🪡 部份縫12：後背帶鋪棉外包人字帶

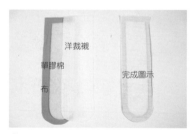

1 背帶布背面依序燙上不含縫份的單膠棉與含縫份的洋裁襯。

洋裁襯
單膠棉
布
完成圖示

2 背對背，疏縫U字型。

疏縫U字型

3 背帶中心壓一道固定線。

中心

4 人字帶利用熨斗對折熨燙。

5 人字帶包覆外圍，正面壓線0.7cm，即完成。

正面壓線0.7cm

部份縫**13**：包繩車縫（脇邊下2.5cm收法）

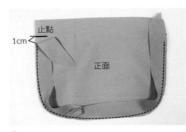

1 袋身正面脇邊下2.5cm畫出止點記號線。

2 與斜布條正對正，記號線下1cm先疏縫固定。

3 放入細棉繩，覆蓋斜布條疏縫，包繩往脇邊拉出，向外斜放置於記號線上車縫，多餘布料做修剪。

4 另一端同作法，即完成。

部份縫**14**：斜布條接合

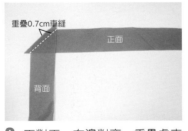

1 將斜布條擺放同角度。

2 正對正，布邊對齊，重疊處車縫0.7cm。

3 縫份燙開，將多餘布料修剪，即完成。

國家圖書館出版品預行編目（CIP）資料

型男專用手作包2：隨身有型男用包 / 古依立等作. -- 初版.
-- 新北市：飛天, 2016.02
　　面；　公分. -- (玩布生活；16)
ISBN 978-986-91094-3-7(平裝)

1.手工藝　　2.手提袋

426.7　　　　　　　　　　　　　　　105000414

玩布生活16

型男專用手作包2 隨身有型男用包

作　　　者／古依立、吳叔親、胡珍昀、翁羚維
總 編 輯／彭文富
編　　　輯／張維文
攝　　　影／蕭維剛
美術設計／曾瓊慧
紙型繪圖排版／菩薩蠻數位文化有限公司

出版者／飛天出版社
地址／新北市中和區中山路二段530號6樓之1
電話／（02）2223-3531 · 傳真／（02）2222-1270
臉書專頁／www.facebook.com/cottonlife.club
部落格／cottonlife.pixnet.net/blog
E-mail／cottonlife.service@gmail.com
■發行人／彭文富
■劃撥帳號／50141907　　　■戶名／飛天出版社
■總經銷／時報文化出版企業股份有限公司
■倉庫／桃園縣龜山鄉萬壽路二段351號
■電話／（02）2306-6842
初版／2016年3月
定價／380元
ISBN／978-986-91094-3-7